高等职业教育新形态一体化系列教材
广州铁路职业技术学院"双高计划"项目成果

PLC 实训

余木鳌　钟　波◎主　编
　　　　谢雪芳◎副主编
　　　　胡满凤◎主　审

中国铁道出版社有限公司

2024年·北京

内 容 简 介

本书根据高等职业技术院校电气自动化技术专业教学计划和教学大纲编写。全书以实训为主线，每一个实训之间相互独立，可根据需要及技术的发展增加新实训。本书分为基本指令、顺序控制和功能指令三篇。基本指令篇着重介绍基本编程技巧，顺序控制篇还介绍了电动机控制实训。本书配有程序讲解微视频，学生可通过视频学习，快速理解指令。

本书为高等职业技术院校电气自动化技术专业实训教材，也可作为中等职业学校电气技术应用相关专业教材，同时也可供 PLC 爱好者自学参考。

图书在版编目（CIP）数据

PLC 实训/余木鳌,钟波主编．—北京：中国铁道出版社有限公司,2024.4
高等职业教育新形态一体化系列教材
ISBN 978-7-113-30622-9

Ⅰ.①P… Ⅱ.①余… ②钟… Ⅲ.①PLC 技术－高等职业教育－教材 Ⅳ.①TM571.61

中国国家版本馆 CIP 数据核字（2023）第 194695 号

书　　名：**PLC 实训**
作　　者：余木鳌　钟　波

责任编辑：尹　娜　　　　　编辑部电话：(010)51873206　　　电子邮箱：624154369@qq.com
封面设计：曾　程　高博越
责任校对：刘　畅
责任印制：高春晓

出版发行：中国铁道出版社有限公司（100054，北京市西城区右安门西街 8 号）
网　　址：http://www.tdpress.com

印　　刷：北京铭成印刷有限公司
版　　次：2024 年 4 月第 1 版　2024 年 4 月第 1 次印刷
开　　本：787 mm×1 092 mm　1/16　印张：10.75　字数：272 千
书　　号：ISBN 978-7-113-30622-9
定　　价：39.00 元

版权所有　侵权必究

凡购买铁道版图书，如有印制质量问题，请与本社读者服务部联系调换。电话：(010)51873174
打击盗版举报电话：(010)63549461

前言

高等职业教育的根本任务是培养动手能力强的技术应用型专门人才,学生应重点掌握从事本专业领域实际工作所需的基本知识和职业技能,掌握一定的理论,但要偏向于应用。为适应高等职业教育的需要,根据高等职业教育的特点,编者结合多年积累的PLC教学经验,特别是理论实践一体化教学经验,从培养学生职业能力的角度出发,编写了本实训指导书。

本书特色如下:

(1) 以培养学生的职业能力为主线,适应理论实践一体化教学的需要,符合高等职业教育课程建设与改革的要求。

(2) 以三菱FX系列PLC为对象,采用模块式编写结构,以任务为载体,着重培养学生独立思考和动手解决问题的能力。

(3) 以基本指令、步进顺序控制指令、功能指令和特殊功能模块为主线,重点介绍了一些典型PLC控制单元的使用,学生在实际应用时,能够快速入门,可以及时运用所学的典型程序。

(4) 在内容的组织方面,有利于学生就业和可持续发展能力的提高。书中所选实例操作性强、易于实现。

(5) 配套视频针对程序编程思路进行讲解,以使学生更容易掌握PLC编程。

本书由广州铁路职业技术学院余木鳌、钟波任主编,由广州铁路职业技术学院谢雪芳任副主编,广州铁路职业技术学院胡满凤任主审。具体编写分工如下:第一篇实训一至实训十,第三篇实训一至实训四,以及本书各篇练习均由余木鳌编写,第一篇实训十一至实训十五,第二篇实训七、第三篇实训五至实训六由钟波编写,第二篇实训一至实训六由谢雪芳编写。

在本书编写过程中,我们参考了相关教材和技术资料,在此对这些文献、资料的作者(或单位)表示衷心的感谢!

因时间仓促和水平有限,书中难免存在疏漏与不妥之处,恳请广大读者批评指正。

编 者
2023 年 10 月

目 录

第一篇 基本指令 ... 1

 实训一 自锁、互锁与连锁控制 ... 1
 实训二 PLC 瞬时接通/延时断开控制 ... 7
 实训三 PLC 延时接通/延时断开控制 ... 11
 实训四 PLC 长延时控制 ... 14
 实训五 点动计时控制 ... 19
 实训六 时钟控制 ... 22
 实训七 用定时器实现脉宽可控的脉冲触发控制 ... 27
 实训八 二分频控制 ... 31
 实训九 故障报警控制 ... 34
 实训十 6 位数计数控制 ... 39
 实训十一 用定时器实现顺序控制 ... 43
 实训十二 彩灯闪亮循环控制 ... 47
 实训十三 电动机双重锁正反转控制 ... 51
 实训十四 电动机 Y-△减压启动控制 ... 56
 实训十五 同步电动机启动控制 ... 61
 练习 基本指令思考与练习 ... 66

第二篇 顺序控制 ... 67

 实训一 设计黑夜白天交替工作交通灯 ... 67
 实训二 数码管循环点亮的 PLC 控制 ... 80
 实训三 十字路口交通灯程序设计 ... 85
 实训四 液压滑台控制 ... 90
 实训五 三台水泵启停控制 ... 95
 实训六 简易交通信号灯的控制 ... 99
 实训七 抢答器犯规判别功能程序设计 ... 108
 练习 状态编程法思考与练习 ... 117

第三篇 功能指令 ... 119

 实训一 用计数器实现顺序控制 ... 119
 实训二 用移位指令实现顺序控制 ... 124

实训三　步进电动机正反转控制 ·· 128
实训四　简易加减法功能计算器的设计 ·· 136
实训五　设计自动循环的流水灯 ·· 144
实训六　四层电梯控制 ··· 151
练习　功能指令思考及练习 ·· 163

参考文献 ··· 164

第一篇　基　本　指　令

实训一　自锁、互锁与连锁控制

班级：_____　　姓名：_____　　日期：_____　　测评等级：_____

实训任务	自锁、互锁与连锁控制	教学模式	任务驱动和行动导向
建议学时	0.3 学时	教学地点	PLC 实训室
实训描述	自锁、互锁控制是梯形图控制程序中最基本的环节，其中互锁中包含有连锁控制情况，常用于输入开关和输出线圈的应用编程		
实训目标	素质目标 1.能够主动获取信息，展示学习成果，对实训过程进行总结与反思，与他人进行有效沟通，团结协作； 2.养成勤学善思，求真务实的良好品性； 3.具有创新意识，能用不同的方法独立解决实训过程中遇到的困难； 4.养成爱护、保护实训设备的习惯。 能力目标 1.掌握自锁、互锁与连锁控制所用指令； 2.能熟练将自锁、互锁与连锁用于其他程序编制中		
实训准备	1.设备器材 (1)可编程控制器 1 台（FX2N-48MR）； (2)计算机 1 台，安装 PLC 软件； (3)PLC 实训台。 2.分组 一人一组		

实训岗位	时段一(年月日时分) （填写起止时间）	时段二(年月日时分) （填写起止时间）
程序编制		
程序调试		
实训报告编写		

注：实训岗位时段是根据教师对本实训项目的要求进行细化，例如本实训安排在 2024 年 4 月 15 日 1、2 节课，编程占 20 min，只有一个时段，填写 2024.4.15　8：20～2024.4.15　8：40，第二个时段可以不填，同时任务多时，也可以增加第三时段。

一、相关知识

可编程控制器控制系统设计的步骤,即 PLC 实训设计步骤如下:

1. 分析被控制对象并提出控制要求

详细分析被控制对象的工艺过程、工作特点,控制系统的控制过程、控制规律、功能和特点,了解被控制对象机、电、液之间的配合,提出被控制对象对 PLC 控制系统的控制要求,确定控制方案,包括控制的基本方式、所需完成的功能、必要的保护和报警等。

详细了解被控制对象的全部功能,如各部件的动作过程、动作条件、与各仪表的接口、是否与 PLC 或计算机或其他智能设备相连等。还要详细了解输入/输出信号的性质,是开关量还是模拟量等,并在以上工作的基础上清楚地查询到接入 PLC 信号的数量,以便选择合适的 PLC。

2. 确定输入/输出设备

根据系统的控制要求,确定系统所需的全部输入设备(如按钮、位置开关、转换开关、各种传感器)和输出设备(如接触器、电磁阀、信号指示灯、其他执行器),从而确定与 PLC 有关的输入/输出设备,以确定 PLC 的 I/O 点数。

3. 选择合适的 PLC

PLC 的选择包括对 PLC 的机型、容量、开关输入量的点数、输入电压、开关输出量的点数、输出功率、模拟量 I/O 的点数、通信网络等的选择。

4. 分配 I/O 点

分配 PLC 的 I/O 点,画出 PLC 的 I/O 端子与输入/输出设备的连接图或分配表。在连接图或分配表中,必须指定每个 I/O 对应的模块编号、端子编号、I/O 地址、对应的输入/输出设备等。

5. 设计软件及硬件

(1) PLC 程序设计的一般步骤

① 根据工艺流程和控制要求,画出系统的功能图或流程图。

② 根据 I/O 分配表或 I/O 端子接线图,将功能图和流程图转换成梯形图。

(2) 硬件设计及现场施工的一般步骤

① 设计控制柜布置图、操作面板布置图和接线端子图等。

② 设计控制系统各部分的电气图。

③ 根据图纸进行现场接线。

6. 调试程序

先进行模拟调试,再进行系统调试。调试时可模拟用户输入设备的信号给 PLC,输出设备可暂时不接,输出信号可通过 PLC 主机的输出指示灯监控通断变化,对于内部数据的变化和各输出点的变化顺序,可在上位计算机上运行软件的监控功能,查看运行动作变化。

模拟调试和控制柜等硬件施工完成后,就可以进行整个系统的现场联机调试。现场调试是指将模拟调试通过的程序结合现场设备进行联机调试。通过现场调试,可以发现在模拟调试中无法发现的实际问题,然后逐一排除这些问题,直至调试成功。

7. 编写有关技术文件

技术文件主要包括技术说明书、使用说明书、电气原理图、接线端子图、PLC 梯形图、电器布置图等。完成技术文件编写后,即完成整个 PLC 控制系统的设计。

以上是设计一个 PLC 控制系统的大致步骤。具体的系统设计要根据系统规模的大小、控制要求的复杂程度、控制程序步数的多少来灵活处理,有的步骤可以省略,也可进行适当调整。本书中的基本指令部分,基本只提供梯形图和指令表,有的会提供 I/O 表及主电路接线。

二、实训实施

1. 自锁控制

自锁控制程序梯形图如图 1-1-1 所示。X000 闭合使 Y000 得电,随之 Y000 触点闭合。此后即使 X000 触点断开,Y000 仍保持得电。只有当常闭触点 X001 断开时,Y000 才断电,Y000 触点断开。如果要再次启动 Y000,只有重新闭合 X000。程序中,X000 触点为启动触点(对应按钮为启动按钮);X001 触点为停止触点(对应按钮为停止按钮);Y000 触点为自锁触点。图 1-1-1(a)和图 1-1-1(b)所示的两梯形图的逻辑功能相同,不同点是当启动按钮对应触点 X000、停止按钮对应触点 X001 同时按下时,图 1-1-1(a)的输出 Y000 为断开,称为"断开从优"形式;图 1-1-1(b)的输出 Y000 为接通,称为"启动从优"形式。

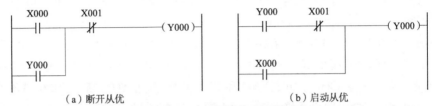

图 1-1-1　自锁控制程序梯形图

图 1-1-1(a)断开从优梯形图对应的语句表如下:

```
LD   X000
OR   Y000
ANI  X001
OUT  Y000
```

图 1-1-1(b)启动从优梯形图对应的语句表如下:

```
LD   X000
ANI  X001
OR   Y000
OUT  Y000
```

2. 互锁控制

互锁控制程序梯形图如图 1-1-2 所示。在输出线圈 Y000 和 Y001 网络中,Y000 和 Y001 的常闭触点分别接在对方网络中。只要有一个触点先接通(如 Y000),另一个触点就不能再接通(如 Y001),从而保证任何时候两者都不能同时启动,这种控制称为互锁控制。常闭触点 Y000 和 Y001 为互锁触点。

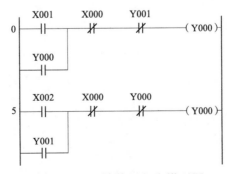

图 1-1-2　互锁控制程序梯形图

互锁控制程序梯形图对应的语句表如下：

```
LD   X001
OR   Y000
ANI  X000
ANI  Y001
OUT  Y000
LD   X002
OR   Y001
ANI  X000
ANI  Y000
OUT  Y001
END
```

3. 连锁控制

连锁控制梯形图如图 1-1-3 所示。在图 1-1-3(a)输出线圈 Y000 和 Y001 网络中，由于有常开触点 Y000 接在 Y001 网络中，而在 Y000 网络中没有常开触点 Y001 接入，因此只有当 Y000 接通时，Y001 才有可能接通。只要 X000 为 OFF，Y000 和 Y001 均断开，若 Y000 断开，Y001 就不可能接通。在图 1-1-3(b)中，由于 Y001 网络并接在 Y000 网络中，只有当 Y000 接通后，Y001 才有可能接通。在 Y000 和 Y001 均接通的情况下，当 X000 为 OFF 时，Y000 与 Y001 均断开，若只有 X003 为 OFF，Y001 断开，Y000 仍保持原有状态。图 1-1-3(a)和图 1-1-3(b)只是梯形图形式不同，其实质是相同的。也就是说，一方的动作是以另一方的动作为前提的，这种控制称为连锁控制。

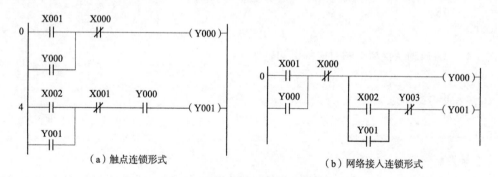

(a) 触点连锁形式　　　　　　　(b) 网络接入连锁形式

图 1-1-3　联锁控制程序梯形图

图 1-1-3(a)触点连锁形式梯形图对应的语句表如下：

```
LD   X001
OR   Y000
ANI  X000
OUT  Y000
LD   X002
OR   Y001
ANI  X001
AND  Y000
OUT  Y001
```

图 1-1-3(b)网络接入连锁形式梯形图对应的语句表如下：

```
LD    X001
OR    Y000
ANI   X000
OUT   Y000
LD    X002
OR    Y001
ANB
ANI   Y003
OUT   Y001
```

三、实训分析

图 1-1-1 所示的自锁控制常用于以无锁定开关作为启动开关，或者用只接通一个扫描周期的触点去启动一个持续动作的控制电路。

在图 1-1-2 所示的互锁控制程序中，输出继电器 Y000 和 Y001 不能同时启动接通，这种互锁控制常用于被控的是一组不允许同时动作的对象，如电动机正、反转控制等。

在图 1-1-3 中的输出继电器 Y000 和 Y001 网络，这种连锁控制常用于被控的是一组有连锁要求的动作对象。例如，在机床启动时，一般先启动润滑系统，后启动主轴系统，可以避免主轴未润滑时启动，减轻主轴磨损。

四、实训效果评价

1. 自我评价

(1) 通过本次实训，我学到的知识点/技能点有：_____

_____

_____

_____

不理解的有：_____

_____

_____

_____

(2) 我认为在以下方面还需要深入学习并提升的岗位能力：_____

_____

_____

_____

_____

_____

(3) 在本次实训过程中，我的表现可得到：□ 优　　　□ 良　　　□ 中

2. 互相评价

(1) 综合能力测评：参阅任务评价表 1-1-1。

(2) 专业能力测评：

① 主要评定程序熟练程度，理解记忆，能通过理解记住；

② 评价结果全对得"优"，错一项得"良"，错两项或以上得"中"。

表 1-1-1　任务评价表

项　　目	评价内容		评价等级（学生互评）		
	综合能力测评： (1)请在对应条目的空格内打"√"或"×"，不能确定的条目不填，可以在小组评价时让本组同学讨论并填写结论。 (2)评价结果全对得"优"错一项得"良"错两项以上得"中"		优	良	中
综合能力测评项目（组内互评）	○按时到场○工装齐备○书、本、笔齐全				
	○安全操作○责任心强○环境整理				
	○学习积极主动○合理使用教学资源○主动帮助他人				
	○接受工作分配○有效沟通○高效完成实训任务				
专业能力测评项目(组间互评)	接线及程序调试能力	等级			
		签名			
小组评语及建议	他(她)做到了： 他(她)的不足： 给他(她)的建议：		组长签名： 　年　月　日		
教师评语及建议			评价等级：_____ 教师签名： 　年　月　日		

注：穿工装的目的是不穿拖鞋，要求穿校服及工作服等，防止实训时触电、机械损伤等。

实训二 PLC 瞬时接通/延时断开控制

班级：_____　　姓名：_____　　日期：_____　　测评等级：_____

实训任务	瞬时接通/延时断开控制	教学模式	任务驱动和行动导向
建议学时	0.2 学时	教学地点	PLC 实训室
实训描述	瞬时接通/延时断开控制要求在输入信号有效时，马上有输出，而输入信号无效后，输出信号延时一段时间才停止		
实训目标	素质目标 1. 能够主动获取信息，展示学习成果，对实训过程进行总结与反思，与他人进行有效沟通，团结协作； 2. 养成勤学善思，求真务实的良好品性； 3. 具有创新意识，能用不同的方法独立解决实训过程中遇到的困难； 4. 养成爱护、保护实训设备的习惯。 能力目标 1. 熟练应用瞬时接通/延时断开控制设计程序； 2. 能熟练根据梯形图画时序图		
实训准备	1. 设备器材 (1) 可编程控制器 1 台(FX2N-48MR)； (2) 计算机 1 台，安装 PLC 软件； (3) PLC 实训台。 2. 分组 一人一组		

实训岗位	时段一(年月日时分) (填写起止时间)	时段二(年月日时分) (填写起止时间)
程序编制		
程序调试		
实训报告编写		

一、相关知识

在 PLC 控制系统中，时间控制用得非常多，其中大部分用于延时和定时控制。在 FX2N 型可编程控制器内部有两种类型的定时器和 3 个等级分辨率(1 ms、10 ms 和 100 ms)，可以用于时间控制。各种不同延时时长及功能的定时器见表 1-2-1。

表 1-2-1　定时器编号表

定时器名称	编　号	点　数	计时范围
100 ms 定时器	T0～T199	200 点	0.1～3 276.7 s
10 ms 定时器	T200～T245	46 点	0.01～327.67 s
1 ms 积算定时器	T246～T249	4 点（中断动作）	0.001～32.767 s
100 ms 积算定时器	T250～T255	6 点	0.1～3 276.7 s

二、实训实施

图 1-2-1 所示分别是瞬时接通/延时断开控制的梯形图和时序图。在图 1-2-1(a)所示的梯形图中，当 X000 的状态为 ON 时，输出 Y000 的状态为 ON 并自锁；当 X000 的状态为 OFF 时，定时器 T10 工作 3 s 后，定时器常闭触点断开，使输出 Y000 断开。

在图 1-2-1(b)所示的梯形图中，当 X000 瞬间接通后断开，则 Y000 的状态为 ON 且自锁，定时器 T10 工作 3 s 后，定时器触点闭合，使输出 Y000 断开。

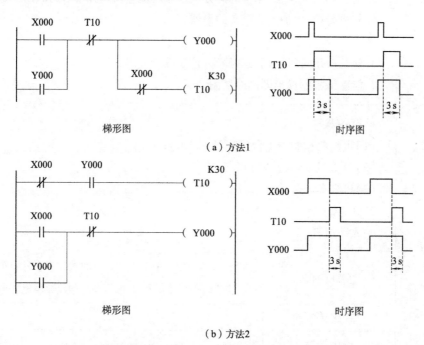

图 1-2-1　瞬时接通/延时断开

图 1-2-1(a)方法 1 梯形图对应的语句表如下：

```
LD    X000
OR    Y000
ANI   T10
OUT   Y000
ANI   X000
OUT   T10   K30
```

图 1-2-1(b)方法 2 梯形图对应的语句表如下：

```
LDI    X000
AND    Y000
OUT    T10    K30
LD     X000
OR     Y000
ANI    T10
OUT    Y000
```

三、实训分析

在图 1-2-1 所示的梯形图程序中,定时器工作时,因为 X000 的状态变为 OFF 后,Y000 仍要保持得电状态 3 s,所以 Y000 的自锁触点是必须的。图 1-2-1(a)和图 1-2-1(b)所示瞬时接通/延时断开控制的梯形图程序的功能相同,但梯形图结构不同,说明完成同一功能的程序可能有多种程序结构形式,可以自行编制梯形图程序。

四、实训效果评价

1. 自我评价

(1)通过本次实训,我学到的知识点/技能点有：_____

不理解的有：_____

(2)我认为在以下方面还需要深入学习并提升的专业能力：_____

(3)在本次实训过程中,我的表现可得到：□ 优   □ 良   □ 中

2. 互相评价

(1)综合能力测评：参阅任务评价表 1-2-2。

(2)专业能力测评：

①熟悉定时器原件,较好完成时序图,评定人根据完成情况评价；

②评价结果全对得"优",错一项得"良",错两项或以上得"中"。

表1-2-2　任务评价表

项　目	评价内容			评价等级 （学生互评）		
	综合能力测评： (1)请在对应条目的空格内打"√"或"×"，不能确定的条目不填，可以在小组评价时让本组同学讨论并填写结论。 (2)评价结果全对得"优"错一项得"良"错两项以上得"中"			优	良	中
综合能力测评项目(组内互评)	○按时到场○工装齐备○书、本、笔齐全					
	○安全操作○责任心强○环境整理					
	○学习积极主动○合理使用教学资源○主动帮助他人					
	○接受工作分配○有效沟通○高效完成实训任务					
专业能力测评项目(组间互评)	接线及程序调试能力	等级				
		签名				
小组评语及建议	他(她)做到了： 他(她)的不足： 给他(她)的建议：			组长签名： 　　　年　月　日		
教师评语及建议				评价等级：_____ 教师签名： 　　　年　月　日		

实训三 PLC 延时接通/延时断开控制

班级：_____　　姓名：_____　　日期：_____　　测评等级：_____

实训任务	延时接通/延时断开控制	教学模式	任务驱动和行动导向
建议学时	0.5 学时	教学地点	PLC 实训室
实训描述	延时接通/延时断开控制要求输入信号处于 ON 状态后，停一段时间后输出信号才处于 ON 状态；输入信号处于 OFF 状态后，输出信号延时一段时间才处于 OFF 状态。与瞬时接通/延时断开控制相比，该控制程序多加了一个输入延时		
实训目标	素质目标 1. 能够主动获取信息，展示学习成果，对实训过程进行总结与反思，与他人进行有效沟通，团结协作； 2. 养成勤学善思，求真务实的良好品性； 3. 具有创新意识，能用不同的方法独立解决实训过程中遇到的困难； 4. 养成爱护、保护实训设备的习惯。 能力目标 1. 熟练应用延时接通/延时断开控制设计程序； 2. 熟练编写延时接通/延时断开控制程序		
实训准备	1. 设备器材 (1) 可编程控制器 1 台 (FX2N-48MR)； (2) 计算机 1 台，安装 PLC 软件； (3) PLC 实训台。 2. 分组 一人一组		

实训岗位	时段一（年月日时分） （填写起止时间）	时段二（年月日时分） （填写起止时间）
程序编制		
程序调试		
实训报告编写		

一、相关知识

常数有十进制整数和十六进制整数两种。十进制整数以数据前加 K 来表示，主要用来指定定时器或计数器的设定值及应用功能指令操作数中的数值，其范围：16 位为 $-32\,768 \sim +32\,767$；32 位为 $-2\,147\,483\,648 \sim +2\,147\,483\,647$。十六进制整数以数据前加 H 来表示，主要用来表示应用功能指令的操作数值,其范围:16 位为 0 ~ FFFF;32 位为 0 ~ FFFFFFFF。例如,在本实训中只能使用 K,例如 K50,不能用 H32 表示。

T10 和 T11 是定时器号,其后所带 K20、K50 是定时器延时的时间,本实训定时器延时的时间分别为 2 s 和 5 s,K 不能用 H(16 进制)等代替。

二、实训实施

图 1-3-1 所示是延时接通/延时断开控制的梯形图和时序图,X000 为启动条件,图 1-3-1 中 T10 延时 2 s 作为 Y000 的启动条件,T11 延时 5 s 作为 Y000 的断开条件,两个定时器配合使用实现 Y000 的输出。

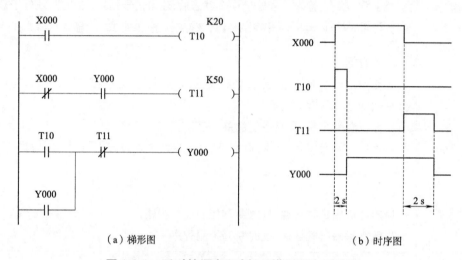

图 1-3-1　延时接通/延时断开梯形图和时序图

延时接通/延时断开梯形图对应的语句表如下:

```
LD      X000
OUT     T10     K20
LDI     X000
AND     Y000
OUT     T11     K50
LD      T10
OR      Y000
ANI     T11
OUT     Y000
END
```

三、实训分析

图 1-3-1 所示的梯形图程序中,使用 T10 和 T11 定时器,配合实现控制电路的功能,可以通过修改调整 T10 和 T11 的设定时间,得到需要的延时时间。延时接通/延时断开控制的梯形图用接通延时定时器和断开延时定时器可以使程序更简单,可以自行编制梯形图程序。

四、实训效果评价

1. 自我评价

(1)通过本次实训,我学到的知识点/技能点有:＿＿＿＿＿＿＿＿＿＿＿＿＿＿＿＿＿＿

不理解的有：_____

_____

(2)我认为在以下方面还需要深入学习并提升专业能力：_____

_____

_____

(3)在本次实训过程中,我的表现可得到：□ 优　　□ 良　　□ 中

2.互相评价

(1)综合能力测评:参阅任务评价表1-3-1。

(2)专业能力测评:

①能看懂梯形图,自己可以优化编程,对照程序看懂时序图,评价人根据熟练程度给予评定;

②评价结果全对得"优",错一项得"良",错两项或以上得"中"。

表1-3-1　任务评价表

项　目	评价内容	评价等级 （学生互评）		
	综合能力测评： (1)请在对应条目的空格内打"√"或"×",不能确定的条目不填,可以在小组评价时让本组同学讨论并填写结论。 (2)评价结果全对得"优"错一项得"良"错两项以上得"中"	优	良	中
综合能力测评项目 （组内互评）	○按时到场○工装齐备○书、本、笔齐全			
	○安全操作○责任心强○环境整理			
	○学习积极主动○合理使用教学资源○主动帮助他人			
	○接受工作分配○有效沟通○高效完成实训任务			
专业能力测评项目（组间互评）	接线及程序调试能力	等级		
		签名		
小组评语及建议	他(她)做到了： 他(她)的不足： 给他(她)的建议：	组长签名： 年　月　日		
教师评语及建议		评价等级：_____ 教师签名： 年　月　日		

实训四　PLC 长延时控制

班级：_____　　　　　　姓名：_____
日期：_____　　　　　　测评等级：_____

长延时定时器

实训任务	长延时控制	教学模式	任务驱动和行动导向
建议学时	1 学时	教学地点	PLC 实训室
实训描述	有些控制场合延时时间长，超出了定时器的定时范围，称为长延时。长延时电路可以用小时(h)、分钟(min)作为单位来设定。长延时控制可以使用多个定时器组合方式实现，也可以采用定时器和计数器组合方式实现		
实训目标	素质目标 1.能够主动获取信息，展示学习成果，对实训过程进行总结与反思，与他人进行有效沟通，团结协作； 2.养成勤学善思，求真务实的良好品性； 3.养成严格按图作业，进行规范作业的严谨工作态度； 4.具有创新意识，能用不同的方法独立解决实训过程中遇到的困难； 5.养成爱护、保护实训设备的习惯。 能力目标 1.熟练应用延时接通/延时断开控制设计程序； 2.熟练编写各种长延时程序		
实训准备	1.设备器材 (1)可编程控制器 1 台(FX2N-48MR)； (2)计算机 1 台,安装 PLC 软件； (3)PLC 实训台。 2.分组 一人一组		
	实训岗位	时段一(年月日时分) (填写起止时间)	时段二(年月日时分) (填写起止时间)
	程序编制		
	程序调试		
	实训报告编写		

一、相关知识

1. 可编程控制器的 C 元件

FX2N 系列 PLC 中共有 256 个计数器，其编号为 C0~C255。这些计数器分为三大类：C0~C199 为 200 个 16 位计数器；C200~C234 为 35 个 32 位计数器；C235~C255 为 21 个高速计数器。

2. 16 位计数器

FX2N 系列 PLC 中的 16 位计数器为 16 位加计数器，其设定值范围在 1~32 767(十进制常数)之间。

设定值设为K0和K1具有相同的意义,它们都在第一次计数开始输出点动作。16位计数器分为一般通用型计数器和断电保持型计数器。C0~C99为一般通用型计数器,C100~C199为断电保持型计数器。

加计数器的动作过程如图1-4-1所示。X11为计数输入,X10为复位输入,当X010=0,而X011每接通一次,计数器的当前值加1。图1-4-1中所示计数器C0的设定值为K10,当X011接通10次时,计数器的当前值由10变为11,这时C0的输出点接通,动合触点闭合、动断触点断开。反之,若X011再次断开,计数器的当前值也不再变化,且C0一直保持输出。

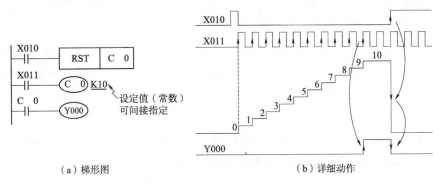

(a)梯形图　　　　　　　　　(b)详细动作

图1-4-1　加计数器的动作过程

当计数器复位输入电路接通(复位输入X010接通),则执行C0的复位指令,计数器当前值变为0,输出触点断开。

如果切断PLC电源,一般通用型计数器(C0~C99)的计数值被清除,而断电保持型计数器(C100~C199)则可存储停电前的计数值。当再来计数脉冲时,这些计数器按上一次的数值累计计数;当复位输入电路接通,计数器当前值被置为0。

计数器除用常数K直接设定之外,还可由数据寄存器间接指定。例如,指定D10为计数器的设定值,若D10的存储内容为123,是置入的设定值为K123。

二、实训实施

1. 多个定时器组合实现长延时控制

在图1-4-2所示的长延时控制程序中,Y000的接通是由定时器T10实现的,Y001接通是由定时器T10与T11共同定时实现的,这就是多个定时器组合实现长延时的情况。

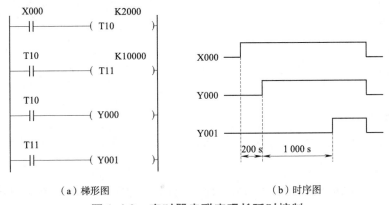

(a)梯形图　　　　　　　　　(b)时序图

图1-4-2　定时器串联实现长延时控制

定时器串联延时控制梯形图对应的语句表如下：

```
LD    X000
OUT   T10    K2000
LD    T10
OUT   T11    K10000
LD    T10
OUT   Y000
LD    T11
OUT   Y001
```

2. 定时器和计数器组合实现长延时控制

在图1-4-3所示的定时器和计数器组合实现长延时控制程序中，当输入X000端接通时，T200开始计时，经过1 s后，其常开触点T200闭合，计数器C0开始递增计数，与此同时T200的常闭触点打开，T200断电，常开触点T200打开，计数器C0仅计数一次，而后T200开始重新计时，如此循环……

当C0计数器经过 1 s×20 = 20 s 后，计数器C0有输出，其常开触点C0闭合，输出Y000接通。显然，输入X000端接通后，延时 1×20 s 后输出 Y000 接通。

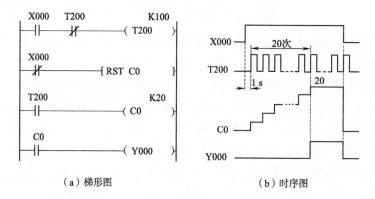

（a）梯形图　　　　　（b）时序图

图1-4-3　定时器和计数器组合实现长延时控制

定时器和计数器组合实现长延时控制梯形图对应的语句表如下：

```
LD    X000
ANI   T200
OUT   T200   K100
LDI   X000
RST   C0
LD    T200
OUT   C0     K20
LD    C0
OUT   Y000
END
```

三、实训分析

在图1-4-2所示的多个定时器组合方式实现长延时控制程序中，当输入X000端接通时，T10开始计时，经过200 s后，其常开触点T10闭合，Y000接通，同时启动T11开始计时，经过1 000 s后，

Y001 接通。由此可见,T10 和 T11 共同延时 200 s + 1 000 s = 1 200 s 后 Y001 接通。

在图 1-4-3 所示的定时器计数器组合实现长延时控制程序中,是 T200 定时器和 C0 计数器组合实现长延时的典型情况,T200 定时器启动,C0 计数器计数,反复循环进行,到 C0 计数达 20 次后,由 C0 常开触点闭合,输出 Y000 接通实现长延时控制。

四、实训效果评价

1. 自我评价

(1) 通过本次实训,我学到的知识点/技能点有:_____

不理解的有:_____

(2) 我认为在以下方面还需要深入学习并提升的专业能力:_____

(3) 在本次实训过程中,我的表现可得到: □ 优   □ 良   □ 中

2. 互相评价

(1) 综合能力测评:参阅任务评价表 1-4-1。

(2) 专业能力测评:

① 掌握长延时用定时器进行控制,评价人填写并判断正误,给予评定;

② 评价结果全对得"优",错一项得"良",错两项或以上得"中"。

表1-4-1　任务评价表

项　目	评价内容	评价等级（学生互评）		
	综合能力测评： (1)请在对应条目的空格内打"√"或"×",不能确定的条目不填,可以在小组评价时让本组同学讨论并填写结论。 (2)评价结果全对得"优"错一项得"良"错两项以上得"中"	优	良	中
综合能力测评项目(组内互评)	○按时到场○工装齐备○书、本、笔齐全			
	○安全操作○责任心强○环境整理			
	○学习积极主动○合理使用教学资源○主动帮助他人			
	○接受工作分配○有效沟通○高效完成实训任务			
专业能力测评项目(组间互评)	接线及程序调试能力	等级		
		签名		
小组评语及建议	他(她)做到了： 他(她)的不足： 给他(她)的建议：	组长签名： 　　年　月　日		
教师评语及建议		评价等级：_____ 教师签名： 　　年　月　日		

实训五　点动计时控制

班级：_____　　姓名：_____　　日期：_____　　测评等级：_____

实训任务	点动计时制	教学模式	任务驱动和行动导向
建议学时	0.2 学时	教学地点	PLC 实训室
实训描述	用定时器将点动输入信号进行计时后实现设定宽度的脉冲输出		
实训目标	素质目标 1.能够主动获取信息，展示学习成果，对实训过程进行总结与反思，与他人进行有效沟通，团结协作； 2.养成勤学善思，求真务实的良好品性； 3.养成严格按图作业，进行规范作业的严谨工作态度； 4.具有创新意识，独立解决学习过程中遇到的困难； 5.养成爱护、保护实训设备的习惯。 能力目标 1.熟练应用点动计时控制设计程序； 2.能看懂程序及时序图		
实训准备	1.设备器材 (1)可编程控制器 1 台(FX2N-48MR)； (2)计算机 1 台，安装 PLC 软件； (3)PLC 实训台。 2.分组 一人一组		

实训岗位	时段一(年月日时分) （填写起止时间）	时段二(年月日时分) （填写起止时间）
程序编制		
程序调试		
实训报告编写		

一、相关知识

在梯形图中，线圈前边的触点代表线圈输出的条件，线圈代表输出。在同一程序中，某个线圈的输出条件可以非常复杂，但却应是唯一且集中表达的。由 PLC 的操作系统引出的梯形图编绘法则规定，某一线圈在梯形图中只能出现一次。如果在同一程序中同一元件的线圈使用两次或多次，称为双线圈输出。可编程控制器程序顺序扫描执行的原则规定，这种情况出现时，前面的输出无效，只有最后一次输出才是有效的。本实训的 Y001、Y002 是两个不同的线圈，如果有 2 个输出

Y001，就是双线圈输出。

二、实训实施

图 1-5-1 所示为点动计时控制梯形图和时序图。当输入 X000 接通时，输出继电器线圈 Y000 接通并自锁，同时接通输出继电器线圈 Y001，启动计时器 T0，1.5 s 后计时器 T0 输出触点切断 Y000 和 Y001 输出。（X000 为点动）

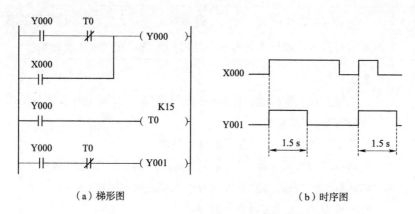

（a）梯形图　　　　　　　　（b）时序图

图 1-5-1　点动计时控制梯形图和时序图

点动计时控制梯形图对应的语句表如下：

```
LD    Y000
ANI   T0
OR    X000
OUT   Y000
LD    Y000
OUT   T0       K15
LD    Y000
ANI   T0
OUT   Y001
END
```

三、实训分析

用 T0 定时器将点动输入信号 X000 每次输入转换为 Y001 的间断输出，该程序可以用于设备的点动调整等控制环节。使用点动计时控制时，需要注意输入信号接通的时间必须大于 PLC 扫描周期。

四、实训效果评价

1. 自我评价

(1)通过本次实训，我学到的知识点/技能点有：_____

_____

不理解的有：_____

(2)我认为在以下方面还需要深入学习并提升的岗位能力：_____

_____

_____

(3)在本次实训过程中,我的表现可得到:□ 优　　□ 良　　□ 中

2.互相评价

(1)综合能力测评:参阅任务评价表1-5-1。

(2)专业能力测评:

①掌握PLC点动程序设计,评价人填写并判断正误,给予评定;

②评价结果全对得"优",错一项得"良",错两项或以上得"中"。

表1-5-1　任务评价表

项　目	评价内容		评价等级 (学生互评)		
	综合能力测评: (1)请在对应条目的空格内打"√"或"×",不能确定的条目不填,可以在小组评价时让本组同学讨论并填写结论。 (2)评价结果全对得"优"错一项得"良"错两项以上得"中"		优	良	中
综合能力测评项目 (组内互评)	○按时到场○工装齐备○书、本、笔齐全				
	○安全操作○责任心强○环境整理				
	○学习积极主动○合理使用教学资源○主动帮助他人				
	○接受工作分配○有效沟通○高效完成实训任务				
专业能力测评项目(组间互评)	接线及程序调试能力	等级			
		签名			
小组评语及建议	他(她)做到了: 他(她)的不足: 给他(她)的建议:		组长签名: 　　年　月　日		
教师评语及建议			评价等级:_____ 教师签名: 　　年　月　日		

实训六　时钟控制

班级：_____　　　　　　　姓名：_____

日期：_____　　　　　　　测评等级：_____

高精度时钟程序

实训任务	时钟控制	教学模式	任务驱动和行动导向
建议学时	0.5学时	教学地点	PLC实训室
任务描述	采用定时器和计数器组合方式实现时钟控制		
实训目标	素质目标 1.能够主动获取信息，展示学习成果，对实训过程进行总结与反思，与他人进行有效沟通，团结协作； 2.养成勤学善思，求真务实的良好品性； 3.养成严格按图作业，进行规范作业的严谨工作态度； 4.具有创新意识，能独立解决学习过程中遇到的困难； 5.养成爱护、保护实训设备的习惯。 能力目标 1.熟练应用定时器和计数器组合进行软件设计； 2.熟练进行时钟控制程序设计		
实训准备	1.设备器材 (1)可编程控制器1台(FX2N-48MR)； (2)计算机1台，安装PLC软件； (3)PLC实训台。 2.分组 一人一组		
	实训岗位	时段一(年月日时分) （填写起止时间）	时段二(年月日时分) （填写起止时间）
	程序编制		
	程序调试		
	实训报告编写		

一、相关知识

1. 特殊辅助继电器

PLC内有大量的特殊辅助继电器，它们都有各自的特殊功能。FX2N系列中有256个特殊辅助继电器，可分成触点型和线圈型两大类。

(1)触点型

其线圈由PLC自动驱动，用户只可使用其触点。例如：

M8000：运行监视器（在 PLC 运行中接通），M8001 与 M8000 相反逻辑。

M8002：初始脉冲（仅在运行开始时瞬间接通），M8003 与 M8002 相反逻辑。

M8011、M8012、M8013 和 M8014 分别是产生 10 ms、100 ms、1 s 和 1 min 时钟脉冲的特殊辅助继电器。

M8000、M8002、M8012 的波形如图 1-6-1 所示。

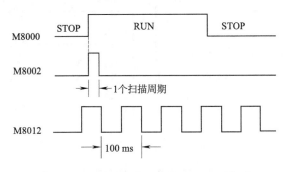

图 1-6-1　M8000、M8002、M8012 波形

（2）线圈型

由用户程序驱动线圈后 PLC 执行特定的动作。例如：

M8033：若使其线圈得电，则 PLC 停止时保持输出映像存储器和数据寄存器内容。

M8034：若使其线圈得电，则将 PLC 的输出全部禁止。

M8039：若使其线圈得电，则 PLC 按 D8039 中指定的扫描时间工作。

> **注意**
> 未定义的特殊辅助继电器不可在用户程序中使用，辅助继电器的动合与动断触点在 PLC 内可以无限次地自由使用。

2. 本实训用特殊功能辅助继电器

本实训利用脉冲发生器 M8012，定时器产生固定时长动作的定时器，计数器产生脉冲计数，从而产生指定精度的高精度时钟。

二、实训实施

图 1-6-2 所示为高精度时钟控制程序梯形图。秒脉冲特殊功能辅助继电器 M8012 作为 100 ms 脉冲信号，与 C0 计数器共同构成秒发生器，用于计数器 C1 的计数脉冲信号。当计数器 C1 的计数累计值达到设定值 60 次时（1 min），计数器置为"1"，即 C0 的常开触点闭合，该信号将作为计数器 C1 的计数脉冲信号；计数器 C1 的另一常开触点使计数器 C1 复位（称为自复位式）后，使计数器 C1 从 0 开始重新开始计数。

相似地，计数器 C2 计数到 60 次时（1 h），其两个常开触点闭合，一个作为计数器 C3 的计数脉冲信号，另一个使计数器 C2 自复位，又重新开始计数；计数器 C3 计数到 24 次时（1 天），其常开触点闭合，使计数器 C3 自复位，又重新开始计数，从而实现时钟功能。输入信号 X000 联合 X001、X002、X003 用于建立期望的时钟设置，即调整秒针、分针、时针。

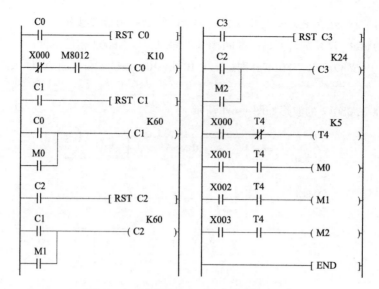

图 1-6-2　高精度时钟控制程序梯形图

高精度时控制程序梯形图对应的语句表如下：

```
LD    C0
RST   C0
LDI   X000
AND   M8012
OUT   C0    K10
LD    C1
RST   C1
LD    C0
OR    M0
OUT   C1    K60
LD    C2
RST   C2
LD    C1
OR    M1
OUT   C2    K60
LD    C3
RST   C3
LD    C2
OR    M2
OUT   C3    K24
LD    X000
ANI   T4
OUT   T4    K5
LD    X001
AND   T4
OUT   M0
LD    X002
AND   T4
OUT   M1
```

```
LD    X003
AND   T4
OUT   M2
END
```

三、实训分析

计数器串联组合实现时钟控制实现 24 h(1 天)时钟控制,常称为高精度时钟控制。如果加入显示屏输出部分,就可以作为 PLC 电子时钟。

四、实训效果评价

1. **自我评价**

(1)通过本次实训,我学到的知识点/技能点有：_____

不理解的有：_____

(2)我认为在以下方面还需要深入学习并提升的专业能力：_____

(3)在本次实训中,我的表现可得到：□ 优　　□ 良　　□ 中

2. **互相评价**

(1)综合能力测评:参阅任务评价表 1-6-1。

(2)专业能力测评:

①熟练应用定时器和 C 计数器,评价人填写并判断正误,给予评定;

②评价结果全对得"优",错一项得"良",错两项或以上得"中"。

表 1-6-1　任务评价表

项　　目	评价内容		评价等级（学生互评）		
	综合能力测评： (1)请在对应条目的空格内打"√"或"×"，不能确定的条目不填，可以在小组评价时让本组同学讨论并填写结论。 (2)评价结果全对得"优"错一项得"良"错两项以上得"中"		优	良	中
综合能力测评项目（组内互评）	○按时到场○工装齐备○书、本、笔齐全				
	○安全操作○责任心强○环境整理				
	○学习积极主动○合理使用教学资源○主动帮助他人				
	○接受工作分配○有效沟通○高效完成实训任务				
专业能力测评项目（组间互评）	接线及程序调试能力	等级			
		签名			
小组评语及建议	他（她）做到了： 他（她）的不足： 给他（她）的建议：		组长签名： 年　月　日		
教师评语及建议			评价等级：_____ 教师签名： 年　月　日		

实训七 用定时器实现脉宽可控的脉冲触发控制

脉宽可控脉冲触发控制

班级：_____　　　　　姓名：_____
日期：_____　　　　　测评等级：_____

实训任务	用定时器实现周期脉冲触发控制	教学模式	任务驱动和行动导向
建议学时	0.25 学时	教学地点	PLC 实训室
实训描述	在输入信号宽度不规范的情况下，如果需要脉冲宽度可控的触发脉冲，如何实现呢？在用定时器实现周期脉冲触发控制实训程序基础上，增加上升沿脉冲指令和 SET/RST 指令，结合定时器可以在输入信号宽度不规范的情况下，产生一个脉冲宽度固定的脉冲序列。该脉冲宽度通过改变定时器设定值进行调节，这种控制又称单稳态控制		
实训目标	素质目标 1.能够主动获取信息，展示学习成果，对实训过程进行总结与反思，与他人进行有效沟通，团结协作； 2.养成勤学善思，求真务实的良好品性； 3.养成严格按图作业，进行规范作业的严谨工作态度； 4.具有创新意识，能独立解决学习过程中遇到的困难； 5.养成爱护、保护实训设备的习惯。 能力目标 1.会画脉宽可控脉冲触发控制的梯形图和时序图； 2.熟练应用用定时器实现脉宽可控的脉冲触发控制		
实训准备	1.设备器材 (1)可编程控制器 1 台(FX2N-48MR)； (2)计算机 1 台，安装 PLC 软件； (3)PLC 实训台。 2.分组 一人一组		

实训岗位	时段一(年月日时分) (填写起止时间)	时段二(年月日时分) (填写起止时间)
程序编制		
程序调试		
实训报告编写		

一、相关知识

本实训用到的脉冲输出指令见表 1-7-1。

表 1-7-1 脉冲输出(PLS、PLF)指令

指令	功能	电路表示	可操作元件
PLS	上升沿微分输出	─┤├──[PLS　Y、M]─	Y、M
PLF	下降沿微分输出	─┤├──[PLF　Y、M]─	Y、M

PLS(PuLSe):上升沿微分输出(上升沿脉冲)指令,使用 PLS 指令后,元件 Y、M 仅在驱动输入由 OFF→ON 时的一个扫描周期内动作(置1)。

PLF(PuLse Falling):下降沿微分输出(下降沿脉冲)指令,使用 PLF 指令后,元件 Y、M 仅在驱动输入由 ON→OFF 时的一个扫描周期内动作。

> **注意**
> PLS、PLF 指令只能用于 Y、M 元件,特殊继电器不能用作 PLS 或 PLF 的操作元件。

二、实训实施

使用定时器产生脉宽可控的触发脉冲控制。

图 1-7-1 所示是使用定时器产生脉宽可控的触发脉冲控制梯形图和时序图。该实训使用了上升沿脉冲指令和 SET/RST 指令,找出 Y000 的开启和关断条件,使其在 X000 的宽度大于或小于 2 s 时,都可以使 Y000 的宽度为 2 s。然后让定时器 T10 的计时输入逻辑在上升沿脉冲宽度小于设定脉冲宽度时,对输入脉冲宽度进行扩宽。

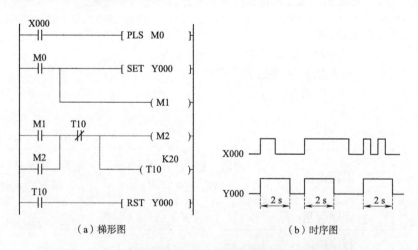

(a)梯形图　　　　　　(b)时序图

图 1-7-1 脉宽可控脉冲触发控制的梯形图和时序图

在上升沿脉冲宽度大于设定脉冲宽度时,对输入脉冲宽度进行截取,在两个上升沿脉冲之间的距离小于设定脉冲宽度时,对后产生的上升沿脉冲置为无效。T10 在计时到后产生一个信号复位 Y000,然后自复位。

脉宽可控脉冲触发控制梯形图对应的语句表如下：

```
LD    X000
PLS   M0
LD    M0
SET   Y000
OUT   M1
LD    M1
OR    M2
ANI   T10
OUT   M2
OUT   T10   K20
LD    T10
RST   Y000
END
```

三、实训分析

本实训应用微分上升沿 PLS 指令，将 X000 的不规则输入信号转化为瞬时触发信号，通过 SET/RST 指令将 Y000 置位或复位，Y000 置位时间长短由定时器 T10 设定值的大小决定，因此 Y000 的宽度不受 X000 接通时间长短的影响。

四、实训效果评价

1. 自我评价

(1) 通过本次实训，我学到的知识点/技能点有：_____

_____

_____

_____

不理解的有：_____

_____

_____

_____

(2) 我认为在以下方面还需要深入学习并提升的专业能力：_____

_____

_____

_____

_____

_____

(3) 在本次实训过程中，我的表现可得到：□ 优　　□ 良　　□ 中

2. 互相评价

(1) 综合能力测评：参阅任务评价表 1-7-2。

(2) 专业能力测评：

①熟练应用定时器、PLS 指令，评价人填写并判断正误，给予评定；

②评价结果全对得"优"，错一项得"良"，错两项或以上得"中"。

表1-7-2 任务评价表

项目	评价内容	评价等级（学生互评）		
		优	良	中
项　　目	综合能力测评： (1)请在对应条目的空格内打"√"或"×",不能确定的条目不填,可以在小组评价时让本组同学讨论并填写结论。 (2)评价结果全对得"优"错一项得"良"错两项以上得"中"			
综合能力测评项目（组内互评）	○按时到场○工装齐备○书、本、笔齐全			
	○安全操作○责任心强○环境整理			
	○学习积极主动○合理使用教学资源○主动帮助他人			
	○接受工作分配○有效沟通○高效完成实训任务			
专业能力测评项目（组间互评）	接线及程序调试能力	等级		
		签名		
小组评语及建议	他(她)做到了： 他(她)的不足： 给他(她)的建议：	组长签名： 　　年　月　日		
教师评语及建议		评价等级：_____ 教师签名： 　　年　月　日		

实训八 二分频控制

班级：_____　　姓名：_____　　日期：_____　　测评等级：_____

实训任务	用定时器实现周期脉冲触发控制	教学模式	任务驱动和行动导向
建议学时	0.2 学时	教学地点	PLC 实训室
实训描述	二分频控制程序将输入信号脉冲 X001 分频输出，输出脉冲 Y000 为 X001 的二分频			
实训目标	素质目标 1.能够主动获取信息，展示学习成果，对实训过程进行总结与反思，与他人进行有效沟通，团结协作； 2.养成勤学善思，求真务实的良好品性； 3.具有创新意识，能独立解决学习过程中遇到的困难； 4.养成爱护、保护实训设备的习惯。 能力目标 1.熟练进行二分频程序设计； 2.能将分频设计用于其他程序设计中			
实训准备	1.设备器材 (1)可编程控制器 1 台(FX2N-48MR)； (2)计算机 1 台，安装 PLC 软件； (3)PLC 实训台。 2.分组 一人一组			
	实训岗位	时段一(年月日时分) （填写起止时间）		时段二(年月日时分) （填写起止时间）
	程序编制			
	程序调试			
	实训报告编写			

一、相关知识

分频就是同一个时钟信号通过一定的电路结构转变成不同频率的时钟信号，常见的有二分频和四分频控制。例如四分频电路就是通过有四分频电路的结构，在时钟每触发 4 个周期时，电路输出 1 个周期信号。比如用一个脉冲时钟触发一个计数器，计数器每计 4 个数就清零一次，并输出 1 个脉冲。本实训使用 PLS 指令（指令介绍见本模块实训七相关知识部分）来实现分频。分频在光纤通信和射频通信及工业控制中，有着广泛的应用。

二、实训实施

对输入信号进行二分频。

图 1-8-1 所示为二分频电路的梯形图和时序图。当输入 X001 在 t_1 时刻接通(ON),此时辅助继电器 M0 上将产生单脉冲。然而输出继电器 Y000 在此之前并未得电,其对应的常开触点处于断开状态。因此,扫描程序至第 2 行时,尽管 M0 得电,辅助继电器 M2 也不可能得电。扫描至第 3 行时,Y000 得电,并自锁。此后这部分程序虽多次扫描,但由于 M0 仅接通一个扫描周期,M2 不可能得电。Y000 对应的常开触点闭合,为 M2 得电做好准备。等到 t_2 时刻,输入 X001 再次接通(ON),M0 上再次产生单脉冲。因此,在扫描第 2 行时,辅助继电器 M2 条件满足得电,M2 对应的常闭触点断开。

执行第 3 行程序时,输出继电器 Y000 断电,输出信号消失。以后,虽然 X001 继续存在,但由于 M0 是单脉冲信号,虽多次扫描第 3 行,输出继电器 Y000 也不可能得电。在 t 时刻,输入 X001 第三次出现(ON),M0 上又产生单脉冲,输出 Y000 再次接通。t_4 时刻,输出 Y000 再次断电……得到输出正好是输入信号的二分频。这种逻辑每当有控制信号时,就将状态翻转(ON→OFF→ON→OFF),因此也可用作脉冲发生器。

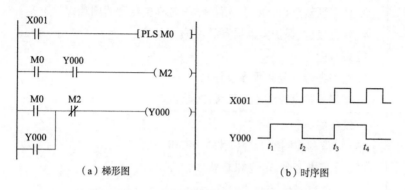

图 1-8-1 二分频电路的梯形图和时序图

本实训梯形图对应的语句表如下:

```
LD    X001
PLS   M0
LD    M0
AND   Y000
OUT   M2
LD    M0
OR    Y000
ANI   M2
OUT   Y000
```

三、实训分析

在二分频电路的梯形图程序中,用微分上升沿 PLS 指令和两个辅助继电器 M0 与 M2,将规定频率的 X001 输入信号转化为脉宽为 X001 两倍的 Y000 信号输出。

四、实训效果评价

1. 自我评价

(1)通过本次实训,我学到的知识点/技能点有:_____

不理解的有：_____
_____

(2)我认为在以下方面还需要深入学习并提升的专业能力：_____
_____
_____

(3)在本次实训过程中,我的表现可得到：□ 优　　□ 良　　□ 中

2. 互相评价

(1)综合能力测评:参阅任务评价表1-8-1。

(2)专业能力测评：

①能看明白二分频电路,熟悉时序图,评价人填写并判断正误,给予评定；

②评价结果全对得"优",错一项得"良",错两项或以上得"中"。

表1-8-1　任务评价表

项目	评价内容	评价等级（学生互评）		
		优	良	中
项　　目	综合能力测评： (1)请在对应条目的空格内打"√"或"×",不能确定的条目不填,可以在小组评价时让本组同学讨论并填写结论。 (2)评价结果全对得"优"错一项得"良"错两项以上得"中"			
综合能力测评项目 （组内互评）	○按时到场○工装齐备○书、本、笔齐全			
	○安全操作○责任心强○环境整理			
	○学习积极主动○合理使用教学资源○主动帮助他人			
	○接受工作分配○有效沟通○高效完成实训任务			
专业能力测评项目 （组间互评）	接线及程序调试能力	等级		
		签名		
小组评语 及建议	他(她)做到了： 他(她)的不足： 给他(她)的建议：	组长签名： 年　月　日		
教师评语及建议		评价等级：_____ 教师签名： 年　月　日		

实训九　故障报警控制

班级：_____　　姓名：_____　　日期：_____　　测评等级：_____

实训任务	故障报警控制	教学模式	任务驱动和行动导向
建议学时	1学时	教学地点	PLC实训室
实训描述	用蜂鸣器和报警灯对一个故障实现声光报警控制的报警控制，称为单故障报警控制。在声光多故障报警控制程序中，一个故障对应于一个指示灯，多个故障用一个蜂鸣器鸣响，这种故障报警控制称为多故障报警控制		
实训目标	素质目标 1.能够主动获取信息，展示学习成果，对实训过程进行总结与反思，与他人进行有效沟通，团结协作； 2.养成勤学善思，求真务实的良好品性； 3.养成严格按图作业，进行规范作业的严谨工作态度； 4.具有创新意识，能独立解决学习过程中遇到的困难； 5.养成爱护、保护实训设备的习惯。 能力目标 1.熟练进行故障报警控制程序设计。 2.熟练应用定时器和辅助继电器		
实训准备	1.设备器材 (1)可编程控制器1台(FX2N-48MR)； (2)计算机1台，安装PLC软件； (3)PLC实训台。 2.分组 一人一组		
	实训岗位	时段一(年月日时分) （填写起止时间）	时段二(年月日时分) （填写起止时间）
	程序编制		
	程序调试		
	实训报告编写		

一、相关知识

FX2N系列PLC的输出继电器用Y表示，地址号也是采用八进制数。FX2N系列PLC的输出继电器编号范围为：Y000～Y267（共184点），输入、输出虽然各有184点，但总点数不可超过256点。

PLC输出接口的一个接线点对应一个输出继电器，输出继电器是PLC中唯一具有外部触点的继电器。从控制电路来看,输出继电器是将输入信号进行逻辑组合运算后的信号传送给外部负载的输出模块。如果 Y000 的线圈"通电",继电器 Y000 的动合、动断触点对应动作,使外部负载相应变化。

输出继电器的线圈只能由程序驱动,其触点可作为其他器件的工作条件出现在程序中,动合、动断触点可以在程序中多次反复使用。

在接线过程中要注意外部电源的极性,例如,如果用直流电源,电源正负极接反时,电加不到负载上。

二、实训实施

1. 单故障报警控制

图 1-9-1 所示为单故障报警控制程序梯形图和时序图。输入端子 X000 为故障报警输入条件,即 X000 的状态为 ON 时要求报警。输出 Y000 为报警灯,Y001 为报警蜂鸣器。输入条件 X001 为报警响应。X001 接通后,Y000 报警灯从闪烁变为常亮,同时 Y001 报警蜂鸣器关闭。输入条件 X002 为报警灯的测试信号。X002 接通,则 Y000 接通。

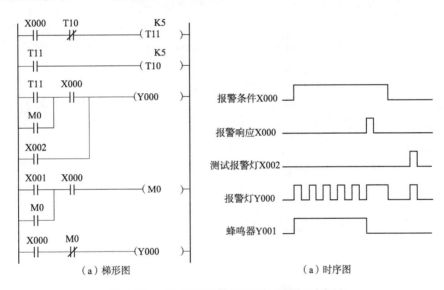

图 1-9-1　单故障报警控制梯形图和时序图

单故障报警控制梯形图对应的语句表如下:

```
LD    X000
ANI   T10
OUT   T11  K5
LD    T11
OUT   T10  K5
```

故障指示灯对应的语句表如下:

```
LD    T11
OR    M0
AND   X000
OR    X002
OUT   Y000
```

故障响应条件对应的语句表如下：

```
LD    X001
OR    M0
AND   X000
OUT   M0
```

故障蜂鸣器对应的语句表如下：

```
LD    X000
ANI   M0
OUT   Y001
```

2. 多故障报警控制

图 1-9-2 所示为两种故障标准报警控制梯形图。故障 1 用输入信号 X000 表示；故障 2 用 X001 表示；X002 为消除蜂鸣器按钮；X003 为故障指示灯、故障蜂鸣器按钮。故障 1 指示灯用信号 Y000 输出；故障 2 指示灯用信号 Y001 输出；Y003 为报警蜂鸣器输出信号。

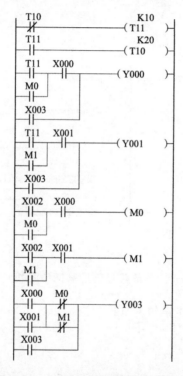

图 1-9-2　两种故障报警控制梯形图

多故障报警控制梯形图对应的语句表如下：

```
LDI   T10
OUT   T1    K10
LD    T11
OUT   T10   K20
```

故障指示灯 1 对应的语句表如下：

```
LD    T11
OR    M0
AND   X000
OR    X003
OUT   Y000
```

故障指示灯 2 对应的语句表如下：

```
LD    T11
OR    M1
AND   X001
OR    X003
OUT   Y001
```

故障消除蜂鸣器逻辑 1 对应的语句表如下：

```
LD    X002
OR    M0
AND   X000
OUT   M0
```

故障消除蜂鸣器逻辑 2 对应的语句表如下：

```
LD    X002
OR    M1
AND   X001
OUT   M1
```

报警蜂鸣器对应的语句表如下：

```
LD    X000
ANI   M0
LD    X001
ANI   M1
ORB
OR    X003
OUT   Y003
```

三、实训分析

在单故障标准报警控制梯形图程序中，定时器 T11 和定时器 T10 构成振荡控制程序，当故障报警条件 X000 接通后，每 0.5 s Y000 和 Y001 通断声光报警一次，反复循环，直到报警结束。

在两种故障标准报警控制梯形图程序中，关键是当任何一种故障发生时，按故障消除蜂鸣器按钮后，不能影响其他故障发生时报警蜂鸣器的正常鸣响，该程序由脉冲触发控制、故障指示灯控制、蜂鸣器逻辑控制和报警控制电路四部分组成，采用模块化设计，照此方法可以实现更多故障报警。

四、实训效果评价

1. 自我评价

(1) 通过本次实训，我学到的知识点/技能点有：＿＿＿＿＿＿＿＿＿＿＿＿＿＿＿＿＿＿＿

不理解的有：_____

(2)我认为在以下方面还需要深入学习并提升的专业能力：_____

_____

(3)在本次实训和学习过程中,我的表现可得到：□ 优　　□ 良　　□ 中

2. 互相评价

(1)综合能力测评：参阅任务评价表1-9-1。

(2)专业能力测评：

①能掌握各梯形图及对蜂鸣器的控制,评价人填写并判断正误,给予评定；

②评价结果全对得"优",错一项得"良",错两项或以上得"中"。

表1-9-1　任务评价表

项　　目	评价内容	评价等级（学生互评）		
		优	良	中
	综合能力测评： (1)请在对应条目的空格内打"√"或"×",不能确定的条目不填,可以在小组评价时让本组同学讨论并填写结论。 (2)评价结果全对得"优"错一项得"良"错两项以上得"中"			
综合能力测评项目 （组内互评）	○按时到场○工装齐备○书、本、笔齐全			
	○安全操作○责任心强○环境整理			
	○学习积极主动○合理使用教学资源○主动帮助他人			
	○接受工作分配○有效沟通○高效完成实训任务			
专业能力测评项目 （组间互评）	接线及程序 调试能力	等级		
		签名		
小组评语 及建议	他(她)做到了： 他(她)的不足： 给他(她)的建议：	组长签名： 　　　年　月　日		
教师评语及建议		评价等级：_____ 教师签名： 　　　年　月　日		

实训十 6位数计数控制

班级：_____   姓名：_____

日期：_____   测评等级：_____

6位计数器输入

实训任务	6位数计数控制	教学模式	任务驱动和行动导向
建议学时	0.5学时	教学地点	PLC实训室
实训描述	三菱FX2N系列PLC的16位递增计数器的计数值设定范围为K1~K32 767，32位加/减计数器的计数范围为 -2 147 483 648~ +2 147 483 648，计数位数不超过5位数。若用32位加/减计数器，可以直接实现6位计数，但要用到特殊辅助继电器M8200~M8234设定；若用16位递增计数器，其计数位数不超过5位数，需要将16位计数器串联才能实现6位数计数		
实训目标	素质目标 1.能够主动获取信息，展示学习成果，对实训过程进行总结与反思，与他人进行有效沟通，团结协作； 2.养成勤学善思，求真务实的良好品性； 3.养成严格按图作业，进行规范作业的严谨工作态度； 4.具有创新意识，能独立解决学习过程中遇到的困难； 5.养成爱护、保护实训设备的习惯。 能力目标 1.熟练进行多位计数控制程序设计； 2.熟练应用6位数计数控制程序		
实训准备	1.设备器材 (1)可编程控制器1台(FX2N-48MR)； (2)计算机1台，安装PLC软件； (3)PLC实训台。 2.分组 一人一组		
	实训岗位	时段一(年月日时分) （填写起止时间）	时段二(年月日时分) （填写起止时间）
	程序编制		
	程序调试		
	实训报告编写		

一、相关知识

FX2N系列PLC中的32位计数器为32位加/减计数器，其设定值的设定范围在 -2 147 438 648~ +2 147 483 647(十进制常数)。利用特殊继电器M8200~M8234可以指定为加计数或减计数。当对应的特殊辅助继电器(M8200~M8234 中的一个)接通,计数器进行减计数,反之为加计数。

32 位加/减计数器分为一般通用型计数器和断电保持型计数器,C200~C219 为一般通用型计数器,C220~C234 为断电保持型计数器。

计数器的设定值可以直接用常数置入,也可以由数据寄存器间接指定。用数据寄存器间接指定时,将连号的数据寄存器的内容视为一对,作为 32 位数据处理。如果指定 D0 作为计数器的设定值,D1 和 D0 两个数据寄存器的内容合起来作为 32 位设定值。

二、实训实施

编写 6 位数计数控制器程序:

图 1-10-1 所示为 6 位数计数控制梯形图,其构成的 6 位数是 123 456。计数器输入脉冲 X001,复位输入脉冲 X000,当计数脉冲 X001 满 123 次后,C2 计数器的常开触点 C2 接通,C1 计数器在脉冲 X001 到来时计数,当 C1 计数器计数到 1 000 次后,C3 计数器计数一次,而后 C1 再计满 1 000 次后,C3 计数一次,直到 C3 计数满 456 次,即共计数满 456 + 123 × (999 + 1) = 123 456 次后,输出 Y000 接通。

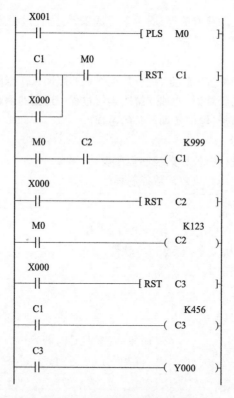

图 1-10-1　6 位数计数控制梯形图

6 位数计数控制梯形图对应的语句表如下:

```
LD    X001
PLS   M0
LD    C1
OR    X000
```

```
AND   M0
RST   C1
LD    M0
AND   C2
OUT   C1    K999
LD    X000
RST   C2
LD    M0
OUT   C2    K123
LD    X000
RST   C3
LD    C1
OUT   C3    K456
LD    C3
OUT   Y000
END
```

三、实训分析

6 位数计数控制程序将 C1 和 C3 计数器串联得到的计数次数,再与 C2 计数次数相加得结果。C1 计数满 1 000 次后,由其常开触点 C1 与 M0 复位,构成循环计数,称为循环计数器。

四、实训效果评价

1. 自我评价

(1)通过本次实训,我学到的知识点/技能点有:_____
_____
_____
_____

不理解的有:_____
_____
_____
_____

(2)我认为在以下方面还需要深入学习并提升的专业能力:_____
_____
_____
_____
_____

(3)在本次实训过程中,我的表现可得到:□ 优   □ 良   □ 中

2. 互相评价

(1)综合能力测评:参阅任务评价表 1-10-1。

(2)专业能力测评:

①能完全理解 6 位数计数控制程序,评价人填写并判断正误,给予评定;

②评价结果全对得"优",错一项得"良",错两项或以上得"中"。

表1-10-1　任务评价表

项　　目	评价内容	评价等级(学生互评)		
	综合能力测评： (1)请在对应条目的空格内打"√"或"×",不能确定的条目不填,可以在小组评价时让本组同学讨论并填写结论。 (2)评价结果全对得"优"错一项得"良"错两项以上得"中"	优	良	中
综合能力测评项目 (组内互评)	○按时到场○工装齐备○书、本、笔齐全			
	○安全操作○责任心强○环境整理			
	○学习积极主动○合理使用教学资源○主动帮助他人			
	○接受工作分配○有效沟通○高效完成实训任务			
专业能力测评项目 (组间互评)	接线及程序调试能力	等级		
		签名		
小组评语 及建议	他(她)做到了： 他(她)的不足： 给他(她)的建议：	组长签名： 年　月　日		
教师评语及建议		评价等级：_____ 教师签名： 年　月　日		

实训十一　用定时器实现顺序控制

班级：_____　　姓名：_____　　日期：_____　　测评等级：_____

实训任务	用定时器实现顺序控制	教学模式	任务驱动和行动导向
建议学时	0.25 学时	教学地点	PLC 实训室
任务描述	用定时器对被控对象实现顺序启/停控制。例如中央空调主机开机要比水泵晚开，关的时候比水泵要先关。主机是一个组，有三台以上，水泵也是一个组，至少有两台。		
实训目标	素质目标 1.能够主动获取信息，展示学习成果，对实训过程进行总结与反思，与他人进行有效沟通，团结协作； 2.养成勤学善思，求真务实的良好品性； 3.养成严格按图作业，进行规范作业的严谨工作态度； 4.具有创新意识，独立解决学习过程中遇到的困难； 5.养成爱护、保护实训设备的习惯。 能力目标 1.熟练定时器的使用； 2.熟练进行定时器顺序控制程序设计		
实训准备	1.设备器材 (1)可编程控制器 1 台（FX2N-48MR）； (2)计算机 1 台，安装 PLC 软件； (3)PLC 实训台。 2.分组 一人一组		

实训岗位	时段一（年月日时分） （填写起止时间）	时段二（年月日时分） （填写起止时间）
程序编制		
程序调试		
实训报告编写		

一、相关知识

顺序控制在工业控制系统中应用十分广泛。传统的控制器件继电器—接触器只能进行一些简单控制，并且整个系统十分笨庞杂、接线复杂、故障率高，无法实现更复杂的控制。而用 PLC 进行顺序控制则变得轻松，可以用各种不同指令，编写出形式多样、简洁清晰的控制程序，甚至一些非常复杂的控制也变得十分简单。

二、实训实施

用定时器对被控对象实现顺序启/停控制。

图 1-11-1 所示为用定时器编写的实现顺序控制的梯形图。当 X000 总启动开关闭合后,Y000 先接通。经过 5 s 后 Y001 接通,同时将 Y000 断开。再经过 5 s 后 Y002 接通,同时将 Y001 断开。又经过 5 s,Y003 接通,同时将 Y002 断开。再经过 5 s 又将 Y000 接通,同时将 Y003 断开。如此循环往复,实现了顺序启动/停止的控制。

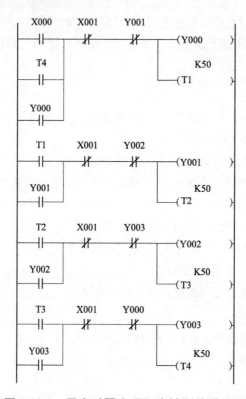

图 1-11-1 用定时器实现顺序控制的梯形图

用定时器实现顺序启/停控制程序梯形图对应的语句表如下:

```
LD    X000
OR    T4
OR    Y000
ANI   X001
ANI   Y001
OUT   Y000
OUT   T1    K50
LD    T1
OR    Y001
ANI   X001
ANI   Y002
OUT   Y001
OUT   T2    K50
LD    T2
OR    Y002
```

```
ANI   X001
ANI   Y003
OUT   Y002
OUT   T3    K50
LD    T3
OR    Y003
ANI   X001
ANI   Y000
OUT   Y003
OUT   T4    K50
END
```

三、实训分析

从用定时器实现顺序控制程序的实现可以看出,用定时器实现顺序控制的实质就是运用定时器的定时与延时功能,将被控对象的启/停控制在不同的时间点上。

四、实训效果评价

1. 自我评价

(1) 通过本次实训,我学到的知识点/技能点有:_____

_____

_____

_____

不理解的有:_____

_____

_____

_____

_____

(2) 我认为在以下方面还需要深入学习并提升的专业能力:_____

_____

_____

_____

_____

(3) 在本次实训和学习过程中,我的表现可得到:□ 优　　□ 良　　□ 中

2. 互相评价

(1) 综合能力测评:参阅任务评价表1-11-1。

(2) 专业能力测评:

①掌握用定时器实现顺序控制的控制程序,评价人填写并判断正误,给予评定;

②评价结果全对得"优",错一项得"良",错两项或以上得"中"。

表1-11-1 任务评价表

项　目	评价内容	评价等级（学生互评）		
		优	良	中
项　目	综合能力测评： (1)请在对应条目的空格内打"√"或"×"，不能确定的条目不填，可以在小组评价时让本组同学讨论并填写结论。 (2)评价结果全对得"优"错一项得"良"错两项以上得"中"			
综合能力测评项目 （组内互评）	○按时到场○工装齐备○书、本、笔齐全			
	○安全操作○责任心强○环境整理			
	○学习积极主动○合理使用教学资源○主动帮助他人			
	○接受工作分配○有效沟通○高效完成实训任务			
专业能力测评项目 （组间互评）	综合调试能力 等级			
	综合调试能力 签名			
小组评语及建议	他(她)做到了： 他(她)的不足： 给他(她)的建议：	组长签名： 年　月　日		
教师评语及建议		评价等级：_____ 教师签名： 年　月　日		

实训十二 彩灯闪亮循环控制

彩灯闪亮循环控制

班级：_____	姓名：_____		
日期：_____		测评等级：_____	

实训任务	彩灯点亮循环控制	教学模式	任务驱动和行动导向
建议学时	1学时	教学地点	PLC实训室
实训描述	PLC实现彩灯闪亮控制，具有结构简单、变换形式多样、价格低的特点，应用广泛。彩灯控制变换形式主要有3种：长通类、变换类和流水类。对于长通类亮灯，控制简单，只需一次接通或断开，属一般控制；对于变换类和流水类闪亮，则要按预定节拍产生一个"环形分配器"，这个环形分配器控制彩灯按预设频率和花样变换闪亮		
实训目标	素质目标 1.能够主动获取信息，展示学习成果，对实训过程进行总结与反思，与他人进行有效沟通，团结协作； 2.养成勤学善思，求真务实的良好品性； 3.养成严格按图作业，进行规范作业的严谨工作态度； 4.具有创新意识，能独立解决学习过程中遇到的困难； 5.养成爱护、保护实训设备的习惯。 能力目标 1.熟练使用脉冲指令、计数器指令及其组合； 2.熟练进行彩灯的循环控制程序设计		
实训准备	1.设备器材 (1)可编程控制器1台(FX2N-48MR)； (2)计算机1台，安装PLC软件； (3)PLC实训台。 2.分组 一人一组		

实训岗位	时段一(年月日时分) （填写起止时间）	时段二(年月日时分) （填写起止时间）
程序编制		
程序调试		
实训报告编写		

一、相关知识

循环控制是 PLC 控制的常用方式,如循环计数控制、周期连续进行的顺序控制均是循环控制。

长通类是指彩灯用于照明或衬托底色,一旦彩灯接通,将长时间亮,没有闪烁;变换类是指彩灯可被定时控制,彩灯时亮时灭,形成需要的各种变换,如字形变换、色彩变换、位置变换等,其特点是定时通断,频率不高;流水类是指彩灯变换速度快,犹如行云流水、星光闪烁,其特点虽也是定时通断,但频率较高。

二、实训实施

彩灯闪亮循环控制如下:

图 1-12-1 所示为彩灯闪亮循环控制梯形图。该程序控制 A、B、C 三盏彩灯,工作时,启动旋转开关(X000 接通),PLS 指令将 M10 仅闭合一个扫描周期,用于启动时复位各计数器,A 灯(Y001)开始亮。定时器 T37 与辅助继电器 M20 构成彩灯循环闪亮的环形脉冲分配器(其脉冲宽度等于程序扫描周期时间 +5 s 定时时间),其分配脉冲用于每 5 s 将 C1~C4 计数一次,实现 B 灯(Y002)、C 灯(Y003)依次点亮,当 C4 计数值到时,将最后一个 C 灯熄灭,同时复位各计数器开始下一个循环,彩灯按 A→B→C 顺序循环往复。M8002 控制 PLC 加电时闭合一个扫描周期,当旋转开关断开(X000 断开)时,C1、C2、C3、C4 的计数值不定,其状态也不定,但三盏灯将熄灭。

彩灯闪亮循环控制梯形图对应的语句表如下:

```
LD   X000
PLS  M10
LD   X000
ANI  M20
OUT  T37  K50
LD   M8002
OR   M10
OR   C4
OUT  M30
LD   M30
RST  C1
RST  C2
RST  C3
RST  C4
LD   M20
OUT  C1   K1
OUT  C2   K2
```

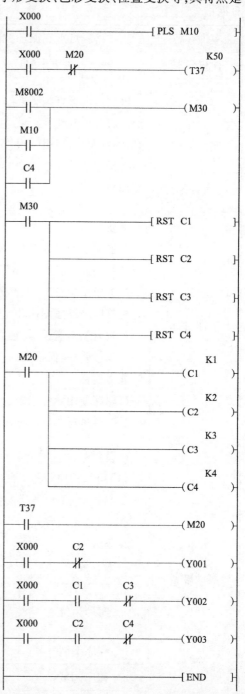

图 1-12-1 彩灯闪亮循环控制梯形图

```
OUT  C3   K3
OUT  C4   K4
LD   T37
OUT  M20
LD   X000
ANI  C2
OUT  Y001
LD   X000
AND  C1
ANI  C3
OUT  Y002
LD   X000
AND  C2
ANI  C4
OUT  Y003
END
```

三、实训分析

彩灯闪亮循环控制程序用定时器 T37 与 M20 构成彩灯循环闪亮的环形脉冲分配器,控制彩灯循环闪亮,属于变换类和流水类彩灯闪亮控制。

四、实训效果评价

1. 自我评价

(1)通过本次实训,我学到的知识点/技能点有:_____

不理解的有:_____

(2)我认为在以下方面还需要深入学习并提升的专业能力:_____

(3)在本次实训和学习过程中,我的表现可得到:□ 优   □ 良   □ 中

2. 互相评价

(1)综合能力测评:参阅任务评价表 1-12-1。

(2)专业能力测评:

①熟悉脉冲指令及计数器组合使用,评价人填写并判断正误,给予评定;

②评价结果全对得"优",错一项得"良",错两项或以上得"中"。

表 1-12-1　任务评价表

项　　目	评价内容	评价等级（学生互评）		
	综合能力测评： (1)请在对应条目的空格内打"√"或"×",不能确定的条目不填,可以在小组评价时让本组同学讨论并填写结论。 (2)评价结果全对得"优"错一项得"良"错两项以上得"中"	优	良	中
综合能力测评项目 （组内互评）	○按时到场○工装齐备○书、本、笔齐全			
	○安全操作○责任心强○环境整理			
	○学习积极主动○合理使用教学资源○主动帮助他人			
	○接受工作分配○有效沟通○高效完成实训任务			
专业能力测评项目 （组间互评）	接线及程序调试能力	等级		
		签名		
小组评语 及建议	他(她)做到了： 他(她)的不足： 给他(她)的建议：	组长签名： 年　月　日		
教师评语及建议		评价等级：_____ 教师签名： 年　月　日		

实训十三　电动机双重锁正反转控制

班级：_____　　姓名：_____　　日期：_____　　测评等级：_____

实训任务	电动机双重锁正反转控制	教学模式	任务驱动和行动导向
建议学时	1学时	教学地点	PLC实训室
实训描述	电动机正、反转控制是工程控制中的典型环节，对于一个PLC控制系统开发人员来说，是必须熟练掌握和应用的重要内容		
实训目标	素质目标 1.能够主动获取信息，展示学习成果，对实训过程进行总结与反思，与他人进行有效沟通，团结协作； 2.养成勤学善思，求真务实的良好品性； 3.养成严格按图作业，进行规范作业的严谨工作态度； 4.具有创新意识，能独立解决学习过程中遇到的困难； 5.养成爱护、保护实训设备的习惯。 能力目标 1.熟悉PLC对电动机的控制及接线； 2.能看懂程序并调试完成		
实训准备	1.设备器材 (1)可编程控制器1台(FX2N-48MR)； (2)计算机1台，安装PLC软件； (3)PLC实训台； (4)电动机控制台； (5)电动机及其控制附件。 2.分组 一人一组		

实训岗位	时段一(年月日时分) （填写起止时间）	时段二(年月日时分) （填写起止时间）
程序编制		
主电路接线		
程序调试		
实训报告编写		

一、相关知识

三相异步电动机是以交流电为驱动电源的电动机,其具有结构简单、运行可靠、维护容易和较好的稳态与动态特性,在现代工业控制中被广泛使用。

电动机双重锁,就是正、反转启动按钮的常闭触点互相串接在对方的控制回路中,而正、反转接触器的常闭触点也互相串接在对方的控制回路中,从而起到按钮和接触器双重连锁的控制作用。图 1-13-1 所示是电动机正、反转继电控制电路图(主控制电路省略)。当按下电动机正转启动按钮 SB2 时,电动机正转启动并连续运转;当按下电动机反转启动按钮 SB3 时,电动机反转启动并连续运转;当按下按钮 SB1 时,电动机停止运转。按钮 SB2、SB3 和接触器 KM0、KM1 的辅助触点分别串接在对方控制回路中,即实现双重锁。当接触器 KM0 通电闭合时,接触器 KM1 不能通电;反之,当接触器 KM1 通电闭合时,接触器 KM0 不能通电;KM0、KM1 的辅助触点还实现自锁、互锁。

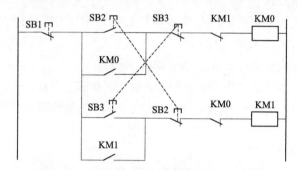

图 1-13-1　电动机正、反转继电控制电路图

> **应用经验法设计时应注意的问题**
>
> (1)时间继电器瞬动触点的处理。除了延时动作的触点外,时间继电器还有在线圈通电和线圈断电时马上动作的瞬动触点,对于有瞬动触点的时间继电器,可以在梯形图中对应的定时器线圈两端并联辅助继电器,后者的触点相当于时间继电器的瞬动触点。
>
> (2)断电延时的时间继电器的处理。FX 系列 PLC 没有相同功能的定时器,但是可以用线圈通电后延时的定时器来实现断电延时的功能。
>
> (3)外部联锁电路的设立。为了防止控制正反转的两个接触器同时动作,造成三相电源短路,除了在梯形图中设置他们对应的输出继电器串联的常闭触点组成软件互锁电路外,还应在 PLC 的外部设置硬件互锁电路。
>
> (4)热继电器过载信号的处理。如果热继电器属于自动复位型,其常闭触点提供的过载信号必须通过输入电路提供给 PLC。
>
> (5)尽量减少 PLC 的输入信号和输出信号,节省 I/O 点数。
>
> (6)外部负载的额定电压 PLC 的继电器输出模块和双向晶闸管输出模块,一般只能驱动额定电压为 220 V 的负载,如果系统原来的交流接触器的线圈电压为 380 V,应将线圈换成 220 V 的品种,或在 PLC 外部设置中间继电器。

二、任务实施

1. 确定 I/O 端子数

SB1、SB2、SB3 三个外部按钮是 PLC 的输入变量,须接在三个输入端子上,可分配为 X000、

X001、X002；输出只有两个继电器 KM0、KM1，它们是 PLC 的输出端需控制的设备，要占用两个输出端子，可分配为 Y000、Y001。故整个系统需要用五个 I/O 端子：三个输入端子和两个输出端子。

I/O 分配表见表 1-13-1。

表 1-13-1　输入量、输出量分配

输入量(I)			输出量(O)		
元件代号	功能	输入点	元件代号	功能	输出点
SB1	停止按钮	X000	KM0	接触器线圈	Y000
SB2	启动按钮	X001	KM1	接触器线圈	Y001
SB3	热继电器	X002			

对于用于自锁、互锁的那些触点，因无须占用外部接线端子而由内部"软开关"代替，故不占用 I/O 端子。

2. 外部接线

图 1-13-2 所示是 PLC 和外围设备的外部接线图。图 1-13-2 中，X000、X001、X002 共用一个"COM"端；Y000、Y001 共用一个"COM"端。直流电源由 PLC 供给，这时可直接将 PLC 电源端子接在开关上，而交流电源则是由外部交流 220 V 电源供给的。

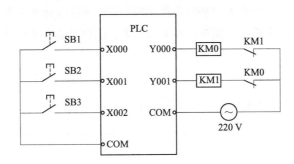

图 1-13-2　PLC 和外围设备的外部接线图

3. 画梯形图

在图 1-13-3 所示的梯形图中，X000、X001 和 X002 分别表示停止、正转和反转控制触点；Y000 和 Y001 分别表示电动机正转和反转输出继电器。为了保证正、反转接触器 KM0 和 KM1 不会同时接通，图 1-13-3(a)所示梯形图中采用按钮互锁(正转 X001 的常闭触点串入反转控制回路，反转 X002 的常闭触点串入正转控制回路)和输出继电器触点互锁(正转输出继电器 Y000 的常闭触点串入反转控制回路，反转输出继电器 Y001 的常闭触点串入正转控制回路)，保证 Y000 和 Y001 不会同时接通，属于双互锁保险型。

但是，图 1-13-3(a)所示的梯形图仍然存在安全隐患。实际上，接触器通断变化的时间是极短的。如果电动机正转，Y000 及其相连的正转接触器接通。此时按反转按钮 SB3，X002 触点动作使 Y000 断开，Y001 接通，PLC 的输出继电器向外发出通断命令，正转接触器断开其主触点，电弧尚未熄灭时，反转接触器主触点已接通，将造成电源瞬时短路。为了避免这种情况发生，在图 1-13-3(a)所示的梯形图程序基础上增加了两个定时器 T10 和 T11，如图 1-13-3(b)所示，进行正、反转切换时，被切断的接触器是瞬时动作的,而被接通的接触器要延时一段时间才动作,避免了电源瞬时短路。

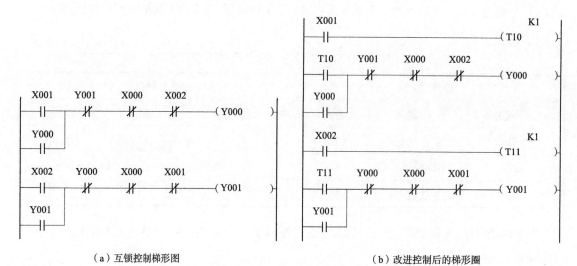

（a）互锁控制梯形图　　　　　　　　　（b）改进控制后的梯形图

图 1-13-3　电动机正反转控制梯形图

三、实训分析

电动机双重锁正反转控制实训运用了自锁、互锁等基本控制程序,实现常用的电动机正反转控制。因此,可以说基本控制程序是大型和复杂程序的基础。设计实际工程程序时,必须以控制过程的可靠性为重,使控制程序变得相对简单。本实训考虑了接触器动作导致瞬间短路的情况。

四、实训效果评价

1. 自我评价

(1) 通过本次实训,我学到的知识点/技能点有：_____

_____

_____

不理解的有：_____

_____

(2) 我认为在以下方面还需要深入学习并提升的专业能力：_____

_____

_____

_____

(3) 在本次实训和学习过程中,我的表现可得到：□ 优　　□ 良　　□ 中

2. 互相评价

(1) 综合能力测评：参阅任务评价表 1-13-2。

(2) 专业能力测评：

①电动机正反转的接线及控制,评价人填写并判断正误,给予评定；

②评价结果全对得"优",错一项得"良",错两项或以上得"中"。

表 1-13-2　任务评价表

项　　目	评价内容	评价等级（学生互评）		
		优	良	中
项　　目	综合能力测评： (1)请在对应条目的空格内打"√"或"×"，不能确定的条目不填，可以在小组评价时让本组同学讨论并填写结论。 (2)评价结果全对得"优"错一项得"良"错两项以上得"中"			
综合能力测评项目（组内互评）	○按时到场○工装齐备○书、本、笔齐全			
	○安全操作○责任心强○环境整理			
	○学习积极主动○合理使用教学资源○主动帮助他人			
	○接受工作分配○有效沟通○高效完成实训任务			
专业能力测评项目（组间互评）	接线及程序调试能力	等级		
		签名		
小组评语及建议	他（她）做到了： 他（她）的不足： 给他（她）的建议：	组长签名： 年　　月　　日		
教师评语及建议		评价等级：_____ 教师签名： 年　　月　　日		

实训十四　电动机 Y-△ 减压启动控制

电动机 Y-△
启动程序 1

电动机 Y-△
启动程序 2

班级：＿＿＿＿＿　　　姓名：＿＿＿＿＿

日期：＿＿＿＿＿　　　测评等级：＿＿＿＿＿

实训任务	电动机 Y-△ 减压启动控制	教学模式	任务驱动和行动导向
建议学时	2 学时	教学地点	PLC 实训室
实训描述	电动机 Y-△ 减压启动控制是异步电动机启动控制中的典型控制环节，属于常用控制小系统		
实训目标	素质目标 1. 能够主动获取信息，展示学习成果，对实训过程进行总结与反思，与他人进行有效沟通，团结协作； 2. 养成勤学善思，求真务实的良好品性； 3. 养成严格按图作业，进行规范作业的严谨工作态度； 4. 具有创新意识，能独立解决学习过程中遇到的困难； 5. 养成爱护、保护实训设备的习惯。 能力目标 1. 熟悉 Y-△ 主电路的接线； 2. 熟练掌握线圈控制回路的接线		
实训准备	1. 设备器材 (1) 可编程控制器 1 台 (FX2N-48MR)； (2) 计算机 1 台，安装 PLC 软件； (3) PLC 实训台。 2. 分组 一人一组		

实训岗位	时段一（年月日时分） （填写起止时间）	时段二（年月日时分） （填写起止时间）
程序编制		
主电路接线		
控制回路接线		
程序联调		
实训报告编写		

一、相关知识

电动机的丫-△转换控制用于三相异步电动机的减压启动。即启动电动机时,采用丫形连接,电动机运转后自动切换到△连接。

设电动机的三个绕组分别是 AX、BY 和 CZ,则丫形连接是将 X、Y 和 Z 连接在一起,A、B 和 C 连接到三相输入端,△连接是将 A 与 Z、B 与 X、C 与 Y 连接在一起,并将 A、B 和 C 连接到三相输入端。

二、实训实施

1. 确定 I/O 分配表

I/O 分配表见表 1-14-1。

表 1-14-1　丫-△减压启动控制 I/O 分配表

输入量(I)			输出量(O)		
元件代号	功能	输入点	元件代号	功能	输出点
SB1	停止按钮	X000	KM1	电源接触器	Y001
SB2	启动按钮	X001	KM2	△启动接触器	Y002
			KM3	丫形启动接触器	Y003

电动机丫-△减压启动继电控制线路图如图 1-14-1 所示。

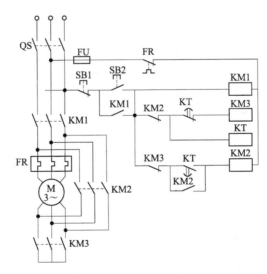

图 1-14-1　电动机丫-△减压启动继电控制线路图

2. PLC 与外部器件的接线

PLC 与外部器件的控制接线图如图 1-14-2 所示,电动机由接触器 KM1、KM2、KM3 控制。其中,KM3 将电动机定子绕组连接成星形(丫);KM2 将电动机定子绕组连接成三角形(△)。KM2 与 KM3 不能同时吸合;否则,将产生电源短路故障。在程序设计过程中,应充分考虑由星形向三角形切换的时间,即由 KM3 完全断开(包括灭弧时间)到 KM2 接通这段时间应互锁住,以防电源短路。

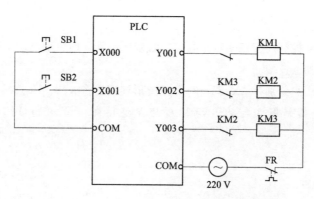

图 1-14-2　电动机 Y-△ 减压启动控制接线图

3. 编写梯形图程序

电动机 Y-△ 减压启动控制梯形图如图 1-14-3 所示，两个控制程序功能相同，其控制原理如下：

在图 1-14-3(a) 所示梯形图中，启动时，按下 SB2，X001 常开触点闭合，此时 M1 接通，定时器 T10 和 T11 接通，Y003 也接通，KM3 接触器通电。T11 定时 1 s 后，Y001 接通，KM1 接触器通电；此时，电动机进入星形(Y)降压启动。星形(Y)降压启动 5 s 后，定时器 T10 已定时 6 s 了，KM3 接触器断电，定时器 T12 开始计时。计时 0.5 s 后，Y002 接通，KM2 通电，KM1 接触器已通电。此时电动机进入三角形(△)连接，处于正常工作状态。按下 SB1，M1 断电，电动机停止运行。

```
 0 ├─X001─┬─X000─────────────────────────(M1)──
         │   /│
        M1
        ─┤├─

 4 ├─M1──┬──────────────────────────(T10 K60)──
        │
        └──────────────────────────(T11 K10)──

11 ├─M1──T11──X000──────────────────────(Y001)──
        ─┤├─ /│
   Y001
   ─┤├─

16 ├─M1──T10──Y002─────────────────────(Y003)──
         /│   /│

20 ├─T10─────────────────────────────(T12 K5)──

24 ├─T12──Y003─────────────────────────(Y002)──
         /│
   Y002
   ─┤├─
```

(a)

图 1-14-3　电动机 Y-△ 减压启动控制梯形图

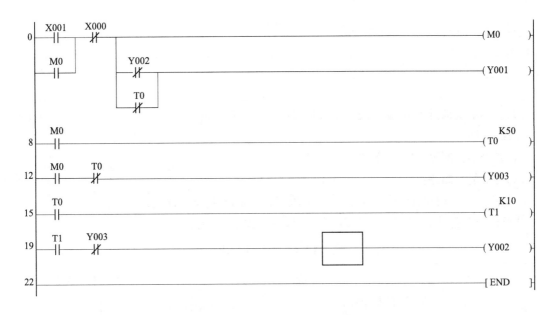

(b)

图 1-14-3　电动机 Y-△ 减压启动控制梯形图（续）

在图 1-14-3(b) 所示的梯形图中，启动时，按下 SB2，X001 常开闭合。此时 M0 接通，定时器接通，Y001、Y003 也接通，KM1、KM3 接触器通电，电动机进入星形(Y)降压启动。延时 5 s 后，定时器 T0 动作，其常闭触点断开，使 Y001、Y003 断开，KM1、KM2 断电。

T0 的常开触点闭合，接通定时器 T1，延时 1 s 后，T1 动作，Y001、Y002 接通，KM1、KM2 接通，电动机采用三角形(△)连接，进入正常工作。按下 SB1，M0 断电，电动机停止运行。

三、实训分析

电动机 Y-△ 减压启动属于常用控制系统，在图 1-14-3(a) 所示程序中，使用 T10、T11、T12 定时器将电动机的星形(Y)减压启动到三角形(△)全压运行过程进行控制，在 Y002 和 Y003 两继电器梯级中，分别加入互锁触点 Y003 与 Y002，保证 KM2 和 KM3 不能同时通电。此外，定时器 T12 定时 0.5 s，目的是 KM3 接触器断电灭弧，避免了电源瞬时短路。

在图 1-14-3(b) 程序中，使用 T0 定时器，将 KM1 和 KM2 同时通电，电动机星形(Y)减压启动 5 s，而后将 KM1 断电，使用 T1 定时器，将 KM3 通电后，再让 KM1 通电，同样避免了电源瞬时短路。两控制程序均实现了电动机启动到平稳运行。可根据控制的实际情况，开发出更好更优的控制程序。双速电动机启动运行控制程序设计思路与 Y-△ 减压启动基本相同，这里不再赘述。

四、实训效果评价

1. 自我评价

(1) 通过本次实训，我学到的知识点/技能点有：_____

_____

不理解的有：_____

_____

(2) 我认为在以下方面还需要深入学习并提升的专业能力：_____
_____
_____

(3) 在本次实训过程中,我的表现可得到：□ 优　　□ 良　　□ 中

2. 互相评价

(1) 综合能力测评：参阅任务评价表1-14-2。

(2) 专业能力测评：

①熟悉Y-△启动和运行控制程序,评价人填写并判断正误,给予评定；

②评价结果全对得"优",错一项得"良",错两项或以上得"中"。

表1-14-2　任务评价表

项　目	评价内容	评价等级（学生互评）		
	综合能力测评： (1) 请在对应条目的空格内打"√"或"×",不能确定的条目不填,可以在小组评价时让本组同学讨论并填写结论。 (2) 评价结果全对得"优"错一项得"良"错两项以上得"中"	优	良	中
综合能力测评项目（组内互评）	○按时到场○工装齐备○书、本、笔齐全			
	○安全操作○责任心强○环境整理			
	○学习积极主动○合理使用教学资源○主动帮助他人			
	○接受工作分配○有效沟通○高效完成实训任务			
专业能力测评项目（组间互评）	接线及程序调试能力	等级		
		签名		
小组评语及建议	他(她)做到了： 他(她)的不足： 给他(她)的建议：	组长签名： 　年　月　日		
教师评语及建议		评价等级：_____ 教师签名： 　年　月　日		

实训十五 同步电动机启动控制

电动机串
电阻启动

班级:＿＿＿＿＿ 姓名:＿＿＿＿＿
日期:＿＿＿＿＿ 测评等级:＿＿＿＿＿

实训任务	同步电动机启动控制	教学模式	任务驱动和行动导向
建议学时	2学时	教学地点	PLC实训室
实训描述	本实训要求看懂同步电动机控制原理,了解每一个接触器的作用,正确进行主电路的接线,熟练掌握PLC程序,并对PLC程序根据需要进行修改			
实训目标	素质目标 1.能够主动获取信息,展示学习成果,对实训过程进行总结与反思,与他人进行有效沟通,团结协作; 2.养成勤学善思,求真务实的良好品性; 3.养成严格按图作业,进行规范作业的严谨工作态度; 4.具有创新意识,能独立解决学习过程中遇到的困难; 5.养成爱护、保护实训设备的习惯。 能力目标 1.熟练掌握主电路接线; 2.能看懂程序及时序,掌握同步电动机的调试			
实训准备	1.设备器材 (1)可编程控制器1台(FX2N-48MR); (2)计算机1台,安装PLC软件; (3)PLC实训台。 2.分组 一人一组			

	实训岗位	时段一(年月日时分) (填写起止时间)	时段二(年月日时分) (填写起止时间)
	程序编制调试		
	主电路接线		
	控制回路接线		
	整个系统联调		
	实训报告编写		

一、相关知识

1.异步启动法

由于同步电动机本身无启动转矩,因此需要借助外力启动。同步电动机常用的启动方法为异步启动法,即首先在同步电动机的定子绕组中加入三相交流电源异步启动;待电动机的转速接近同步转速的 95% 以上时,切除交流电源,给转子励磁绕组加入励磁直流电压,电动机进入同步转速运行。

2. 控制原理

同步电动机启动控制电路原理图如图 1-15-1 所示。合上电源总开关 QF1 和 QF2,按下同步电动机启动按钮 SB2,接触器 KM1、电流继电器 KA 通电闭合,同步电动机串电阻 R1 启动运转。经过一定时间,接触器 KM3 通电闭合,切除串联电阻 R1 继续启动运转。又经过一定时间,接触器 KM4 通电闭合,同步电动机投入励磁,启动结束。

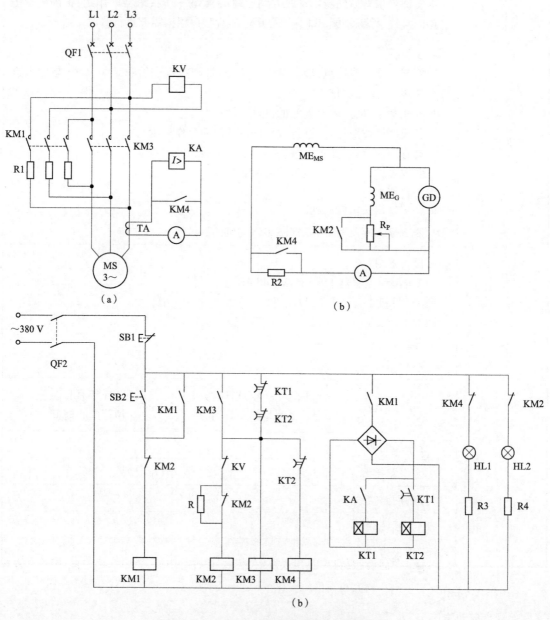

图 1-15-1 同步电动机启动控制电路原理图

在图 1-15-1 中,接触器 KM2、欠电压继电器 KV 组成强励磁系统,即当同步电动机在运行过程中,若电网电压过低,则欠电压继电器 KV 释放,接触器 KM2 通电闭合,电位器 RP 短接,直流发电动机输出电压增大,同步电动机的励磁电流增大,从而可保证同步电动机在电网电压低的情况下正常运转。

二、实训实施

(1)同步电动机启动控制电路 PLC 的输入/输出端子分配表,见表 1-15-1。

表 1-15-1　同步电动机启动控制电路 PLC 的 I/O 分配表

输入端子			输出端子		
名称	代号	端子编号	名称	代号	端子编号
启动按钮	SB2	X000	串联电阻 R 启动接触器	KM1	Y000
停止按钮	SB1	X001	强励磁接触器	KM2	Y001
电流继电器	KA	X002	运行接触器	KM3	Y002
欠电流继电器	KV	X003	励磁接触器	KM4	Y003

(2)画出 PLC 控制接线图,如图 1-15-2 所示。

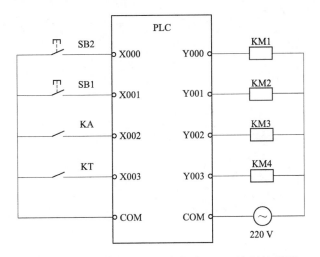

图 1-15-2　同步电动机启动电路 PLC 控制接线图

(3)同步电动机启动控制梯形图如图 1-15-3 所示,编写控制程序。当按下启动按钮 SB2 后,X000 闭合,X001 对应的按钮是闭合的,X001 已闭合,M0 得电,同时 Y000 得电,同步电动机串联电阻 R1 启动。在定时器 T10 的作用下,启动 5 s 后,Y002 得电,切除串联电阻 R1 继续启动,同时定时器 T11 定时 5 s 后,切断 Y000,接通 Y003,同步电动机励磁启动结束。若电网欠电压,Y001 接通。

同步电动机在强励磁条件下启动,最终在直流电作用下正常运转。

```
              X000 X001
               ─┤├──┤├─────────────────────(M0)─
               M0
               ─┤├─
               M0   T11
               ─┤├──┤/├──────────────────────(Y000)─
              X002  M0                        K50
               ─┤/├─┤├───────────────────────(T10)─
               T10
               ─┤├──────────────────────────(Y002)─
                                              K50
                                             ─(T11)─
               T11
               ─┤├──────────────────────────(Y003)─
               X003
               ─┤/├─────────────────────────(Y001)─
```

图1-15-3　同步电动机启动控制梯形图

同步电动机启动控制梯形图对应的语句表如下：

```
LD    X000
OR    M0
AND   X001
OUT   M0
LD    M0
ANI   T11
OUT   Y000
LDI   X002
AND   M0
OUT   T10   K50
LD    T10
OUT   Y002
OUT   T11   K50
LD    T11
OUT   Y003
LDI   X003
OUT   Y001
END
```

三、实训分析

要充分了解同步电动机的启动运行情况，否则很难编写梯形图程序。要编写常用电动机控制程序，需要充分理解电动机的工作过程及原理。

四、实训效果评价

1. 自我评价

（1）通过本次实训，我学到的知识点/技能点有：＿＿＿＿＿＿＿＿＿＿＿＿＿＿＿＿＿＿＿＿＿＿

＿＿

不理解的有：＿＿＿＿＿＿＿＿＿＿＿＿＿＿＿＿＿＿＿＿＿＿＿＿＿＿＿＿＿＿＿＿＿＿＿＿＿＿＿

＿＿

(2)我认为在以下方面还需要深入学习并提升的专业能力：_____
_____
_____
_____

(3)在本次实训过程中,我的表现可得到：□ 优　　□ 良　　□ 中

2. 互相评价

(1)综合能力测评：参阅任务评价表1-15-2。

(2)专业能力测评：

①熟悉同步电动机的控制原理及PLC控制程序,评价人填写并判断正误,给予评定；

②评价结果全对得"优",错一项得"良",错两项或以上得"中"。

表1-15-2　任务评价表

项　　目	评价内容	评价等级(学生互评)		
		优	良	中
	综合能力测评： (1)请在对应条目的空格内打"√"或"×",不能确定的条目不填,可以在小组评价时让本组同学讨论并填写结论。 (2)评价结果全对得"优"错一项得"良"错两项以上得"中"			
综合能力测评项目 (组内互评)	○按时到场○工装齐备○书、本、笔齐全			
	○安全操作○责任心强○环境整理			
	○学习积极主动○合理使用教学资源○主动帮助他人			
	○接受工作分配○有效沟通○高效完成实训任务			
专业能力测评项目 (组间互评)	接线及程序 调试能力	等级		
		签名		
小组评语 及建议	他(她)做到了： 他(她)的不足： 给他(她)的建议：	组长签名： 　　　年　月　日		
教师评语及建议		评价等级：_____ 教师签名： 　　　年　月　日		

练习　基本指令思考与练习

1. 设计一个4分频的梯形图，并画出时序图。
2. 设计梯形图，用计数器和定时器实现3 h的延时。
3. 某锅炉的鼓风机和引风机的控制要求为：开机时，先启动引风机，12 s后开鼓风机；停机时，先关鼓风机，6 s后关引风机。使用PLC设计满足上述要求的程序。
4. 设计一个显示A,B,C,D,E,F,G,H的程序，每个字母亮1 s，一直循环。

第二篇　顺 序 控 制

实训一　设计黑夜白天交替工作交通灯

班级：_____　　姓名：_____　　日期：_____　　测评等级：_____

实训任务	设计黑夜白天交替工作灯	教学模式	任务驱动和行动导向
建议学时	4学时	教学地点	PLC实训室
实训描述	系统控制要求： 1. PLC上电,按下启动按钮,正常工作状态。东西方向绿灯亮,并维持15 s,同时南北方向红灯亮,并维持20 s。等15 s到后,东西绿灯闪亮,闪亮3 s后熄灭,在东西绿灯熄灭时,东西黄灯亮,并维持2 s。到2 s时东西黄灯熄灭,东西红灯亮,同时,南北红灯熄灭,绿灯亮。东西红灯亮,维持15 s,南北绿灯亮维持10 s,然后闪亮3 s后熄灭。同时南北黄灯亮,维持2 s后熄灭,这时南北红灯亮,东西绿灯亮,周而复始。 2. 按下停止按钮,系统停止,所有的灯全部熄灭。 3. 按下夜间行驶按钮,系统东、南、西、北4个黄灯全部闪亮,其余灯全部熄灭,黄灯闪亮0.4 s、暗0.6 s的规律反复循环		
实训目标	素质目标 1. 能够主动获取信息,展示学习成果,对实训过程进行总结与反思,与他人进行有效沟通,团结协作; 2. 养成勤学善思,求真务实的良好品性; 3. 养成严格按图作业,进行规范作业的严谨工作态度; 4. 具有创新意识,能独立解决学习过程中遇到的困难; 5. 养成爱护、保护实训设备的习惯。 能力目标 1. 会用SFC流程图编程方法,完成交通信号灯的控制; 2. 掌握状态编程法		
实训准备	1. 分组 两人一组,根据实训任务进行合理分工。 2. 设备器材 (1)每组配套FX PLC主机1台; (2)每组配套十字路口交通灯控制模块; (3)每组配套若干导线、工具等		

续上表

实训准备	实训岗位	时段一(年月日时分) (填写起止时间)	时段二(年月日时分) (填写起止时间)
	程序编制		
	程序调试		
	实训报告编写		

一、相关知识

1. PLC 编程常用方法

（1）经验法编程

经验法编程就是根据工艺流程和控制要求,运用自己的或者别人的经验进行设计。通常在设计前先选择与自己控制要求相近的程序,再结合自己工程的实际情况,对程序进行修改,使之适合自己的工程要求。

对简单的控制系统来说,采用经验设计法进行设计是比较有效的,可以快速地完成软件的设计。但是对于比较复杂的控制系统,则很少采用经验设计法。

（2）图解法编程

图解法是靠画图来进行 PLC 程序设计。常见的主要有梯形图法、逻辑流程图法、时序流程图法、步进顺控法和 SFC 图法。

① 梯形图法:梯形图法是用梯形图语言去编写 PLC 程序。这是一种模仿继电器控制系统的编程方法。其图形及元件名称都与继电器控制电路十分相近。这种方法很容易就可以把原继电器控制电路移植成 PLC 的梯形图语言。

② 逻辑流程图法:逻辑流程图法是用逻辑框图来表示 PLC 程序的执行过程,反应输入与输出的关系。逻辑流程图法是把系统的工艺流程用逻辑框图表示出来。这种方法类似于高级语言的编程方法(先画程序流程图,然后再编程)。因为该方法详细描述了控制系统的控制过程,所以便于分析控制程序、查找故障点、调试和维护程序。

③ 时序流程图法:时序流程图法是首先画出控制系统的时序图(即到某一个时间应该进行哪一项控制的控制时序图),再根据时序关系画出对应的控制任务的程序框图,最后把程序框图转换成 PLC 程序。时序流程图法很适用于以时间为基准的控制系统的编程。

④ 步进顺控法:步进顺控法是在顺控指令的配合下设计复杂的控制程序。复杂的程序一般都可以分成若干个功能比较简单的程序段,一个程序段可以看成整个控制过程中的一步。从总体上看,一个复杂系统的控制过程是由这样若干个环节组成的。控制系统的任务实际上可以认为在不同时刻或者在不同进程中去完成对各个环节的控制。为此,不少 PLC 生产厂家在自己的 PLC 中增加了步进顺控指分。在完各个步进的状态流程图之后,可以利用步进顺控指令方便编写控制程序。

⑤ SFC 图法:顺序功能图(sequential function chart,SFC)是一种新颖的,按照工艺流程图进行编程的图形编程语言。在程序调试中可以很直观地看到设备动作顺序。在设备故障时能够很容易查出故障所处的位置,不需要复杂的互锁电路,更容易设计和维护控制系统。

2. SFC 编程法的步骤如下：

(1) 分析流程，确定程序流程结构

程序流程结构可分为单序列结构、选择结构和并行结构，也可以是这3种结构的组合。采用 SFC 编程时，第一步要确定是哪一种流程结构。例如，单个对象连续通过前后顺序步骤完成操作，一般是单序列结构；有多个产品加工选项，各选项参数不同，且不能同时加工的，则应确定为选择结构；多个机械装置联合运行却又相对独立的，则为并行结构。

(2) 确定工序步和对应转换条件，得出流程草图

确定了流程结构后，分析系统控制要求确定工序步和转换条件。根据系统控制流程画出流程的草图。

(3) 在 GX Works2 编程软件中选择 SFC 语言编程

在 GX Works2 编程软件中新建工程，有两种编程语言：梯形图语言和 SFC 语言。梯形图语言可以编写任意梯形图程序；SFC 语言有自己的编程界面和编程规则，一个完整的 SFC 程序一般包含两个程序块。一个是初始梯形图块，用于使初始状态置位为 ON 的程序。这个程序块是必须有且必须置于 SFC 程序块前，使用可编程控制器从 STOP 切换到 RUN 时瞬间动作的特殊辅助继电器 M8002。在这个程序块中也可加入一些处理通用功能的梯形图程序。一个是 SFC 程序块，在 SFC 编程界面，依据流程图搭建 SFC 状态转移图。

一个完整的 SFC 程序如图 2-1-1 所示。

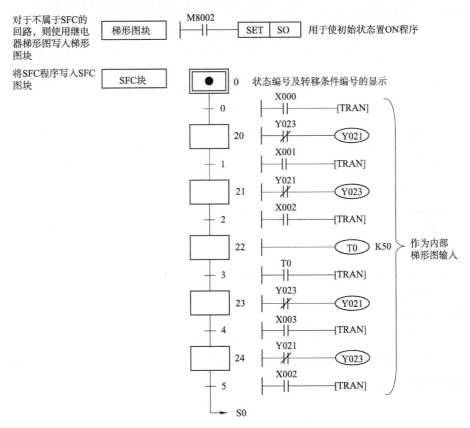

图 2-1-1 一个完整的 SFC 程序

4. 编写转换条件内置梯形图和状态内置梯形图

在搭建的 SFC 顺序功能图中,根据系统控制要求,编写转换条件内置梯形图和状态内置梯形图,在 SFC 编程界面中双击转换条件或状态即可调出相应的内置梯形图编程界面。注意在编写完内置梯形图程序后必须"转换"后才可以再编写下一个内置梯形图程序。

二、实训实施

1. I/O 分配

黑夜白天交替工作交通信号灯控制的 PLC 输入、输出点分配见表 2-1-1 和表 2-1-2。

表 2-1-1　黑夜白天交替工作交通信号灯控制的 PLC 输入点分配表

输　入		
名　称		输入点
启动按钮	SB1	X000
夜间行驶按钮	SB2	X001
停止按钮	SB3	X002

表 2-1-2　黑夜白天交替工作交通信号灯控制的 PLC 输出点分配表

输　出		
名　称		输出点
东西向绿灯	HL1	Y000
东西向黄灯	HL2	Y001
东西向红灯	HL3	Y002
南北向绿灯	HL4	Y003
南北向黄灯	HL5	Y004
南北向红灯	HL6	Y005

2. 外部接线

黑夜白天交替工作交通信号灯控制的 PLC 外部接线如图 2-1-2 所示。

3. 编写控制程序

(1) 单序列 SFC 编程

单序列 SFC 图编程分析:根据任务分析控制系统的状态图,将系统分方向根据时间的顺序分析工步,其控制单序列工序分析见表 2-1-3。SFC 图编程初始程序块内置梯形图如图 2-1-3 所示,SFC 框图及内置梯形图如图 2-1-4 所示。

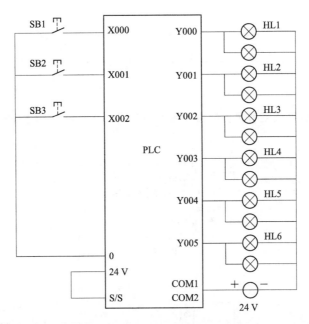

图 2-1-2 黑夜白天交替工作交通信号灯控制的 PLC 外部接线

表 2-1-3 黑夜白天交替工作交通信号灯控制单序列工序分析

状态		初始状态 S0	S20	S21	S22	S23	S24	S25
东西方向	信号灯	所有灯全灭	绿灯 Y000 亮	绿灯 Y000 闪	黄灯 Y001 亮	红灯 Y002 亮		
	时间		15 s	3 s	2 s	15 s		
南北方向	信号灯		红灯 Y005 亮			绿灯 Y003 亮	绿灯 Y003 闪	黄灯 Y004 亮
	时间		20 s			10 s	3 s	2 s

图 2-1-3 黑夜白天交替工作交通信号灯单序列的初始程序快的内置梯形图

PLC实训

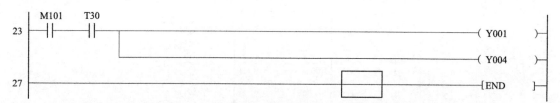

图 2-1-3 黑夜白天交替工作交通信号灯单序列的初始程序快的内置梯形图(续)

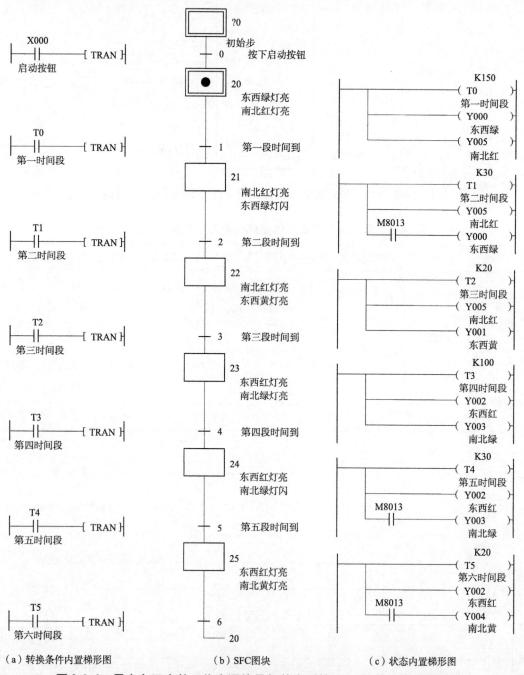

(a) 转换条件内置梯形图 　　　　(b) SFC图块 　　　　(c) 状态内置梯形图

图 2-1-4 黑夜白天交替工作交通信号灯单序列的 SFC 图块及内置梯形图

SFC 程序转换为步进梯形图,如图 2-1-5 所示。

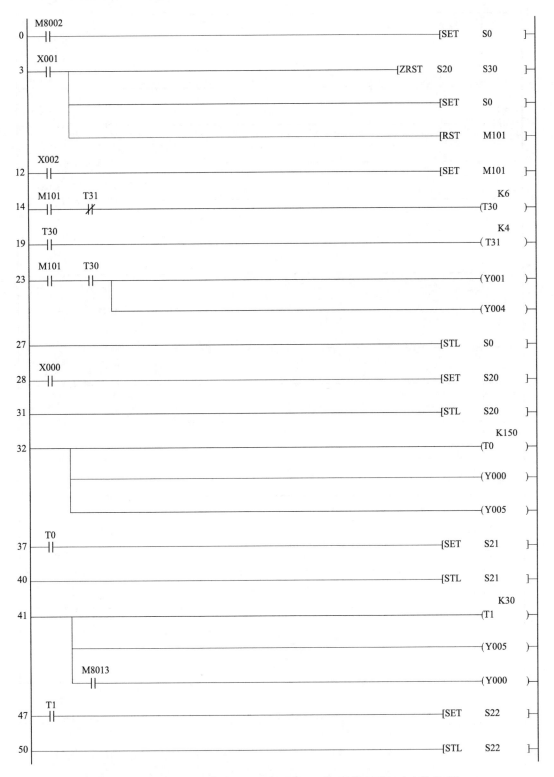

图 2-1-5　黑夜白天交替工作交通信号灯步进梯形图程序(单序列)

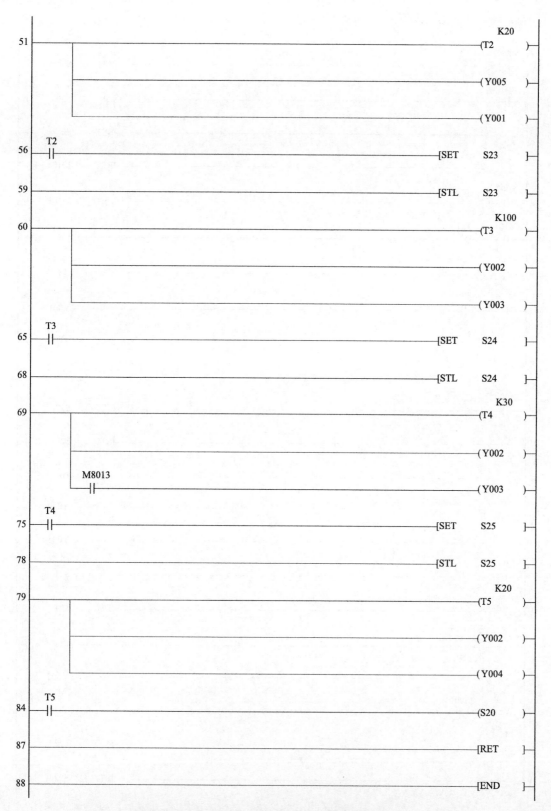

图 2-1-5　黑夜白天交替工作交通信号灯步进梯形图程序（单序列）（续）

(2) 并行序列 SFC 编程

SFC 并行编程思路：根据任务分析控制系统的状态图，将系统分成东西和南北两个方向分析工步，黑夜白天交替工作交通信号灯并行序列的交通控制工序分析见表 2-1-4。

表 2-1-4　黑夜白天交替工作交通信号灯并行序列的控制工序分析

状态			初始状态 S0	S20	S21	S22	S23		
东西方向	信号灯		所有灯全灭	绿灯 Y000 亮	绿灯 Y000 闪	黄灯 Y001 亮	红灯 Y002 亮		
	时间			15 s	3 s	2 s	15 s		
状态				S30		S31	S32	S33	
南北方向	信号灯			红灯 Y005 亮		绿 Y003 亮	绿 Y003 闪	黄 Y004 亮	
	时间			20 s		10 s	3 s	2 s	

SFC 图编程初始程序块内置梯形图如图 2-1-6 所示。SFC 框图如图 2-1-7 所示。转换条件和状态内置梯形图自行编写，完成整体程序设计。

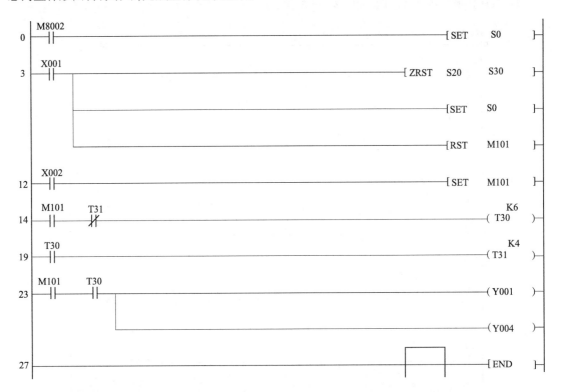

图 2-1-6　黑夜白天交替工作交通信号灯并行序列的初始程序块内置梯形图

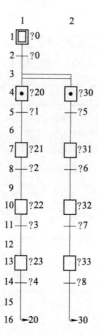

图 2-1-7　黑夜白天交替工作交通信号灯并行序列的 SFC 流程图

SFC 程序转换为步进梯形图，如图 2-1-8 所示。

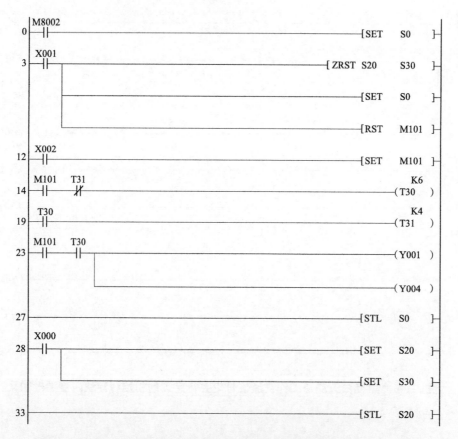

图 2-1-8　黑夜白天交替工作交通信号灯步进梯形图程序（并行序列）

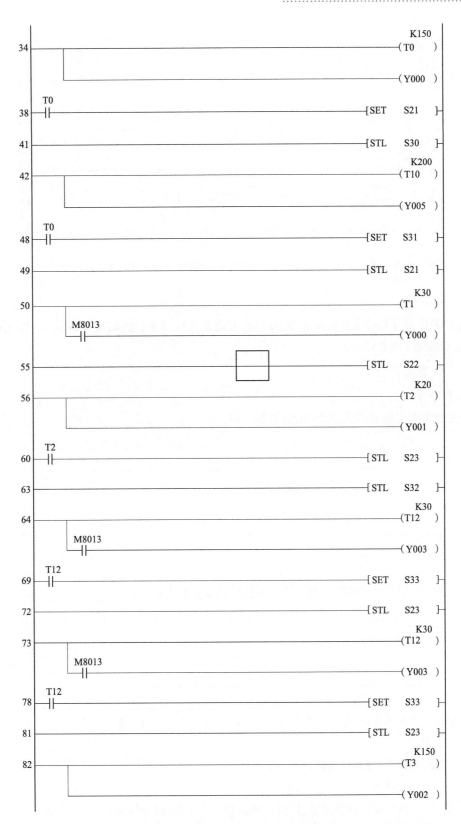

图 2-1-8　黑夜白天交替工作交通信号灯步进梯形图程序（并行序列）（续）

图 2-1-8　黑夜白天交替工作交通信号灯步进梯形图程序（并行序列）（续）

三、实训分析

交通灯程序设计是状态编程法的典型应用,无论是人行道和公路的交叉,或者是十字路口,都可通过状态编程法来完成设计。

四、实训效果评价

1. 自我评价

(1)通过本次实训,我学到的知识点/技能点有：_____
_____
_____

不理解的有：_____
_____
_____

(2)我认为在以下方面还需要深入学习并提升的专业能力：_____
_____
_____
_____
_____

(3)在本次实训和学习过程中,我的表现可得到：□ 优　　□ 良　　□ 中

2. 互相评价

(1)综合能力测评:参阅任务评价表 2-1-5。

(2)专业能力测评：

①熟悉 SFC 编程,编写程序正确,评价人填写并判断正误,给予评定;

②评价结果全对得"优",错一项得"良",错两项或以上得"中"。

表 2-1-5　任务评价表

项　　目	评价内容	评价等级(学生互评)		
	综合能力测评： (1)请在对应条目的空格内打"√"或"×",不能确定的条目不填,可以在小组评价时让本组同学讨论并填写结论。 (2)评价结果全对得"优"错一项得"良"错两项以上得"中"	优	良	中
综合能力测评项目 （组内互评）	○按时到场○工装齐备○书、本、笔齐全			
	○安全操作○责任心强○环境整理			
	○学习积极主动○合理使用教学资源○主动帮助他人			
	○接受工作分配○有效沟通○高效完成实训任务			
专业能力测评项目 （组间互评）	接线及程序调试能力	等级		
		签名		
小组评语及建议	他(她)做到了： 他(她)的不足： 给他(她)的建议：	组长签名： 年　月　日		
教师评语及建议		评价等级：_____ 教师签名： 年　月　日		

实训二 数码管循环点亮的 PLC 控制

班级：_____　　　　　　　　姓名：_____
日期：_____　　　　　　　　测评等级：_____

数码管循环控制

实训任务	数码管循环点亮的 PLC 控制	教学模式	任务驱动和行动导向
建议学时	4 学时	教学地点	PLC 实训室
实训描述	根据实训参考设计，编写一个每秒循环显示 a、b、c、d、e、f，按停止按钮后，程序停止，无显示，设计硬件电路和 PLC 程序，用状态编程法编写		
实训目标	素质目标 1. 能够主动获取信息，展示学习成果，对实训过程进行总结与反思，与他人进行有效沟通，团结协作； 2. 养成勤学善思，求真务实的良好品性； 3. 养成严格按图作业，进行规范作业的严谨工作态度； 4. 具有创新意识，能独立解决学习过程中遇到的困难； 5. 养成爱护、保护实训设备的习惯。 能力目标 1. 掌握状态编程法的技巧； 2. 掌握 PLC 编程的基本方法和技巧； 3. 掌握 PLC 的外部接线及操作		
实训准备	1. 设备器材 (1) 可编程控制器 1 台 (FX2N-48MR)； (2) 按钮开关 2 个 (常开)； (3) 熔断器 2 个 (0.5 A)； (4) 实训控制台 1 个； (5) 七段数码管 1 个 (共阴极，且已串接了限流电阻)； (6) 计算机 1 台； (7) 电工常用工具 1 套； (8) 连接导线若干。 2. 分组 两人一组		

实训岗位	时段一（年月日时分） （填写起止时间）	时段二（年月日时分） （填写起止时间）
程序编制		
硬件接线		
软件调试		
实训报告编写		

一、相关知识

状态编程法在生产线等控制中应用广泛,将经验编程法编写的程序转换为状态编程法更为简单明了。

状态编程法编程要点及注意事项

(1)状态编程顺序为:先进行驱动,再进行转移,不能颠倒。

(2)对状态处理,编程时必须使用步进接点指令 STL。

(3)程序的最后必须使用步进返回指令 RET,返回主母线。

(4)驱动负载使用 OUT 指令。当同一负载需要连续多个状态驱动,可使用多重输出也可使用 SET 指令将负载置位,等到负载不需驱动时用 RST 指令将其复位。在状态程序中,不同时"激活"的"双线圈"是允许的。另外相邻状态使用的 T、C 元件编号不能相同。

(5)负载的驱动、状态转移条件可能为多个元件的逻辑组合,视具体情况,按串、并联关系处理,不能遗漏。

(6)若为顺序不连续转移,不能使用 SET 指令进行状态转移,应改用 OUT 指令进行状态转移。

(7)在 STL 与 RET 指令之间不能使用 MC、MCR 指令。

(8)初始状态可由其他状态驱动,但运行开始必须用其他方法预先作好驱动,否则状态流程不可能向下进行。一般用系统的初始条件,若无初始条件,可用 M8002(PLC 从 STOP 到 RUN 切换时的初始脉冲)进行驱动。

(9)需在停电恢复后继续原状态运行时,可使用 S500→S899 停电保持状态元件。

二、实训实施

1. 项目参考设计要求

设计一个用 PLC 基本逻辑指令来控制数码管循环显示数字 0,1,2,…,9 的控制系统。其控制要求如下:

(1)程序开始后显示 0,延时 t s,显示 1,延时 t s,显示 2……显示 9,延时 t s,再显示 0,如此循环不止。

(2)按停止按钮时,程序无条件停止运行。

(3)需要连接数码管(数码管选用共阴极)。

2. 编程思路

(1)采用 10 只计时器 T0~T9 的时间设定值作为不同数字显示的时间间隔,间隔 1 s。计时器的时间设定采用时间叠加设定方式。

(2)按下开始按钮即显示 0,由按下开始按钮时的启动辅助 M0 的接点接通 0 数字所对应的所有输出。

(3)之后根据每一数字显示按序由计时器的常开、常闭触点对相应的输出进行切换,实现数字的转换。

(4)采用 10 只计时器 T0~T9 的时间设定值作为不同数字显示的时间间隔(间隔 1 s)。

(5)按下开始按钮即显示 0。

由按下开始按钮时的起动辅助 M0 的接点接通 0 数字所对应的所有输出。

3. 参考项目实施

(1) I/O 分配

X000:停止按钮;X001:起动按钮;Y001~Y007:数码管的 a~g。

(2) 设计梯形图方案

数码管及真值表对应关系如图 2-2-1 所示。

	0	1	2	3	4	5	6	7	8	9
a	1	0	1	1	0	1	0	1	1	1
b	1	1	1	1	1	0	0	1	1	1
c	1	1	0	1	1	1	1	1	1	1
d	1	0	1	1	0	1	1	0	1	0
e	1	0	1	0	0	0	1	0	1	0
f	1	0	0	0	1	1	1	0	1	1
g	0	0	1	1	1	1	1	0	1	1

(a) 数码管　　　　　　(a) 数字与输出点的对应关系

图 2-2-1　数码管及真值表

数码管循环点亮的梯形图如图 2-2-2 所示。

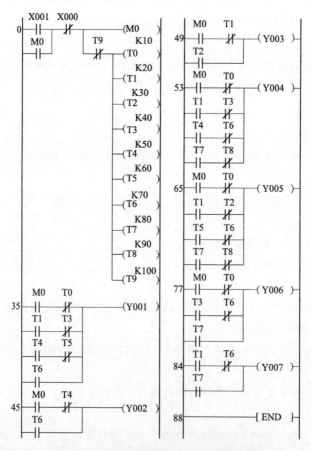

图 2-2-2　数码管循环点亮的梯形图

(3) 系统接线

根据系统控制要求,其系统接线图如图 2-2-3 所示。

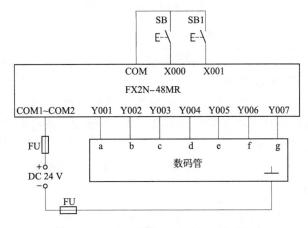

图 2-2-3　数码管循环点亮系统接线图

4. 调试参考项目

(1) 输入程序

通过计算机将图 2-2-2 所示的梯形图正确输入 PLC 中。

(2) 调试

按图 2-2-3 所示的系统接线图正确连接好输入设备,进行系统的调试,观察数码管能否按控制要求显示(即按下启动按钮 X001,数码管依次循环显示数字 0,1,2,…,9,1,2,…),否则,检查电路并修改调试程序,直至数码管能按控制要求显示。

三、实训分析

用状态编程法来编制数码管显示,不能机械套用本参考程序,结合功能指令才能较好地完成设计任务。

四、实训效果评价

1. 自我评价

(1) 通过本次实训,我学到的知识点/技能点有:_____
_____

不理解的有:_____
_____

(2) 我认为在以下方面还需要深入学习并提升的专业能力:_____
_____
_____

(3) 在本次实训和学习过程中,我的表现可得到:□ 优　　□ 良　　□ 中

2. 互相评价

(1) 综合能力测评:参阅任务评价表 2-2-1。

(2)专业能力测评：
①熟悉数码管点亮程序编写，评价人填写并判断正误，给予评定；
②评价结果全对得"优"，错一项得"良"，错两项或以上得"中"。

表2-2-1　任务评价表

项　　目	评价内容	评价等级（学生互评）		
	综合能力测评： (1)请在对应条目的空格内打"√"或"×"，不能确定的条目不填，可以在小组评价时让本组同学讨论并填写结论。 (2)评价结果全对得"优"错一项得"良"错两项以上得"中"	优	良	中
综合能力测评项目 （组内互评）	○按时到场○工装齐备○书、本、笔齐全			
	○安全操作○责任心强○环境整理			
	○学习积极主动○合理使用教学资源○主动帮助他人			
	○接受工作分配○有效沟通○高效完成实训任务			
专业能力测评项目 （组间互评）	接线及程序 调试能力	等级		
		签名		
小组评语 及建议	他（她）做到了： 他（她）的不足： 给他（她）的建议：	组长签名： 年　月　日		
教师评语及建议		评价等级：_____ 教师签名： 年　月　日		

实训三 十字路口交通灯程序设计

班级：_____　　　姓名：_____

日期：_____　　　测评等级：_____

SFC 交通灯
输入程序题目

SFC 交通灯
编程及调试

实训任务	人行横道过马路交通灯设计	教学模式	任务驱动和行动导向
建议学时	4 学时	教学地点	PLC 实训室
实训描述	根据参考任务设计要求，用状态法编写十字路口交通灯程序，同时熟悉用经验编程法编制的程序		
实训目标	素质目标 1. 能够主动获取信息，展示学习成果，对实训过程进行总结与反思，与他人进行有效沟通，团结协作； 2. 养成勤学善思，求真务实的良好品性； 3. 养成严格按图作业，进行规范作业的严谨工作态度； 4. 具有创新意识，能独立解决学习过程中遇到的困难； 5. 养成爱护、保护实训设备的习惯。 能力目标 1. 掌握 SFC 编程及调试； 2. 熟练掌握经验编程法和状态编程法各特点； 3. 掌握 PLC 的外部接线及操作		
实训准备	1. 设备器材 (1) 可编程控制器 1 台(FX2N-48MR)； (2) 按钮开关 2 个(常开)； (3) 熔断器 2 个(0.5 A)； (4) 实训控制台 1 个； (5) 交通灯数码管 1 个(共阴极，且已串接了限流电阻)； (6) 计算机 1 台； (7) 电工常用工具 1 套； (8) 连接导线若干。 2. 分组 两人一组		

实训岗位	时段一(年月日时分) （填写起止时间）	时段二(年月日时分) （填写起止时间）
参考程序调试		
状态编程程序编写		
硬件接线		
系统联调		
实训报告编写		

一、相关知识

时间顺序控制系统是一类常用顺序控制系统。它是根据固定时间执行程序的控制系统每个设备的运行和停止都与时间有关。例如实训中,交通信号灯控制系统中,道路交叉口红、绿黄信号灯的点亮和熄灭按照一定的时间顺序,因此,这类顺序控制系统的特点是系统中各设备运行时间是事先确定的,一旦顺序执行,将按预定时间执行操作命令。

在经验编程思想中我们知道:各设备都有一个启动条件、保持条件和一个停止条件。时间顺序控制系统以执行时间为依据,系统的启/停控制编程方法以设备的启/停时间条件为依据进行编程。这些启动条件和停止条件都由有关定时器来输出。

二、实训实施

1. 参考任务设计要求

十字路口交通灯控制要求:

(1)系统工作后,首先南北红灯亮,并维持15 s;与此同时,东西绿灯亮,并维持10 s,到10 s时,绿灯闪亮3 s后熄灭。

(2)在东西绿灯熄灭时,东西黄灯亮并维持2 s;然后东西黄灯熄灭,东西红灯亮,同时南北红灯熄灭,南北绿灯亮。

(3)东西红灯亮并维持15 s,与此同时,南北绿灯亮并维持10 s;然后南北绿灯闪亮3 s后熄灭。

(4)南北绿灯熄灭时,南北黄灯亮并维持2 s;同时南北红灯亮,东西绿灯亮。至此结束一个工作循环。

试设计十字路口交通灯控制梯形图。

2. 分析参考任务

被控对象是要求控制东西、南北方向的红、黄、绿灯,要求红、黄、绿灯按规定时间亮灯。

(1)设计硬件电路

输入/输出分配表见表 2-3-1,I/O 接线图如图 2-3-1 所示。

表 2-3-1 输入/输出分配表

输 入			输 出		
元器件代号	元器件功能	输入继电器	元器件代号	元器件功能	输出继电器
SB1	起动钮子开关	X000	KM1	南北红灯控制	Y000
			KM2	东西绿灯控制	Y001
			KM3	东西黄灯控制	Y002
			KM4	东西红灯控制	Y003
			KM5	南北绿灯控制	Y004
			KM6	南北黄灯控制	Y005

(2)设计控制程序

采用经验法设计,控制程序要求如下。

(1)南北红灯亮控制:钮子开关接通开始,至 T6 延时到结束,Y000 输出。

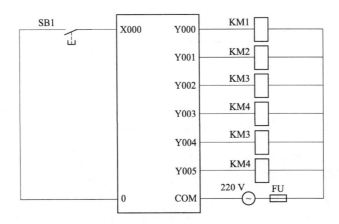

图 2-3-1　交通灯控制 I/O 接线图

（2）东西绿灯亮控制：钮子开关接通开始，至 T1 延时到结束，Y001 输出。
（3）东西绿灯闪亮控制：T1 延时到开始，至 T2 延时到结束，Y001 输出。
（4）东西黄灯闪亮控制：T2 延时到开始，至 T3 延时到结束，Y002 输出。
（5）东西红灯亮控制：T3 延时到开始，T6 延时到结束，Y003 输出。
（6）南北绿灯亮控制：T3 延时到开始，至 T4 延时到结束，Y004 输出。
（7）南北绿灯闪亮控制：T4 延时到开始，至 T5 延时到结束，Y004 输出。
（8）东西黄灯闪亮控制：T5 延时到开始，至 T6 延时到结束，Y005 输出。

不考虑其他保护，参考程序如图 2-3-2 所示。

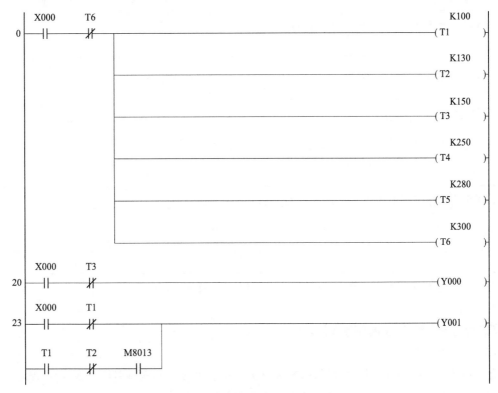

图 2-3-2　人行横道设计参考程序梯形图

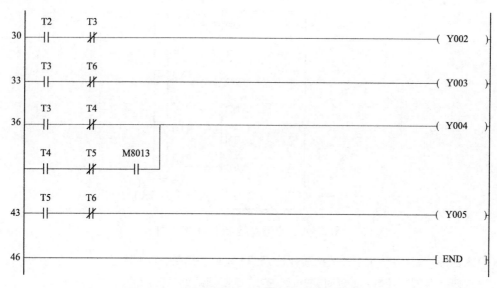

图 2-3-2　人行横道设计参考程序梯形图(续)

三、实训分析

本实训也是状态编程法常用方式之一,一般用双流程,就能较好地完成设计。参考任务采用基本指令编程,通过状态编程法进行对比,体会状态编程法的简洁,调试快速的特点。

四、实训效果评价

1. 自我评价

(1)通过本次实训,我学到的知识点/技能点有:_____

_____

_____

不理解的有:_____

_____

_____

_____

(2)我认为在以下方面还需要深入学习并提升的专业能力:_____

_____

_____

_____

(3)在本次实训和学习过程中,我的表现可得到:□ 优　　□ 良　　□ 中

2. 互相评价

(1)综合能力测评:参阅任务评价表2-3-2。

(2)专业能力测评:

①正确说出十字路交通灯设计原理,并编写正确程序,评价人填写并判断正误,给予评定;

②评价结果全对得"优",错一项得"良",错两项或以上得"中"。

表 2-3-2　任务评价表

项　　目	评价内容	评价等级（学生互评）		
		优	良	中
项　　目	综合能力测评： (1)请在对应条目的空格内打"√"或"×"，不能确定的条目不填，可以在小组评价时让本组同学讨论并填写结论。 (2)评价结果全对得"优"错一项得"良"错两项以上得"中"			
综合能力测评项目 （组内互评）	○按时到场○工装齐备○书、本、笔齐全			
	○安全操作○责任心强○环境整理			
	○学习积极主动○合理使用教学资源○主动帮助他人			
	○接受工作分配○有效沟通○高效完成实训任务			
专业能力测评项目 （组间互评）	接线及程序调试能力	等级		
		签名		
小组评语 及建议	他(她)做到了： 他(她)的不足： 给他(她)的建议：	组长签名： 年　　月　　日		
教师评语及建议		评价等级：_____ 教师签名： 年　　月　　日		

实训四　液压滑台控制

班级：_____　姓名：_____　日期：_____　测评等级：_____

实训任务	液压滑台控制	教学模式	任务驱动和行动导向
建议学时	2 学时	教学地点	PLC 实训室
实训描述	液压滑台控制(详细描述见实训实施说明)，经验编程法作为对比参考，要求用状态编程法编程		
实训目标	素质目标 1.能够主动获取信息，展示学习成果，对实训过程进行总结与反思，与他人进行有效沟通，团结协作； 2.养成勤学善思，求真务实的良好品性； 3.养成严格按图作业，进行规范作业的严谨工作态度； 4.具有创新意识，能独立解决实训过程中遇到的困难； 5.养成爱护、保护实训设备的习惯。 能力目标 1.熟练掌握 SFC 编程； 2.熟练掌握基本指令的编程； 3.掌握 PLC 的外部接线及操作		
实训准备	1.设备器材 (1)可编程控制器 1 台(FX2N-48MR)； (2)按钮开关 2 个(常开)； (3)熔断器 2 个(0.5 A)； (4)实训控制台 1 个； (5)模拟液压滑台小车 1 个； (6)计算机 1 台； (7)电工常用工具 1 套； (8)连接导线若干。 2.分组 两人一组		

实训岗位	时段一(年月日时分) （填写起止时间）	时段二(年月日时分) （填写起止时间）
程序编制		
硬件接线		
系统调试		
实训报告编写		

一、相关知识

状态编程法主要优点如下：

(1)将复杂的任务或过程分解成若干个工序(状态)。无论多么复杂的过程均能分化为的工序,有利于程序的结构化设计。

(2)相对某一个具体的工序来说,控制任务实现了简化。给局部程序的编制带来了方便。

(3)整体程序是局部程序的综合,只要弄清各工序成立的条件、工序转移的条件和转移方向,就可进行这类图形的设计。

(4)这种编程很容易理解,可读性很强,能清晰地反映全部控制工艺过程。

二、实训实施

1. 实训补充说明

某液压滑台的工作循环和电磁阀动作顺序如图 2-4-1 所示,动作顺序表见表 2-4-1。其中,SQ1——原位,SQ2——工进,SQ3——快退,SB1——停止,SB4——启动,SA——单/连续循环,HL——原位指示。液压滑台能实现单周和连续循环工作,连续循环间隔时间 10 s。

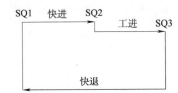

图 2-4-1　电磁阀动作顺序图

表 2-4-1　电磁阀动作顺序表

动作顺序	YA1	YA2	YA3	YA4
原位	−	−	−	−
快进	+	−	+	+
工进	+	−	−	+
快退	−	+	−	+

2. 控制要求

用 PLC 实现如图 2-4-1 所示液压滑台的工作循环控制。

3. 分析被控对象

被控对象是液压滑台快进(YA1、YA3、YA4 接通)、工进(YA1、YA4 接通)、快退(YA1、YA2、YA4 接通)和停止(YA1～YA4 都不接通)四种运行状态;SB4 按钮控制起动,SB1 控制停止;状态转换由 SQ1～SQ3 控制;SA 控制单/连续循环工作方式。题中未提出对液压泵电机的控制和保护。

4. 设计硬件电路

输入/输出分配表见表 2-4-2,I/O 接线图如图 2-4-2 所示。

表 2-4-2　输入/输出分配表

输　　入			输　　出		
元器件代号	元器件功能	输入继电器	元器件代号	元器件功能	输出继电器
SB1	停止按钮	X000	YA1	电磁阀	Y000
SB4	启动按钮	X001	YA2	电磁阀	Y001
SA	工作方式转换	X002	YA3	电磁阀	Y002
SQ1	原位行程开关	X003	YA4	电磁阀	Y003
SQ2	快进结束开关	X004			
SQ3	工进结束开关	X005			

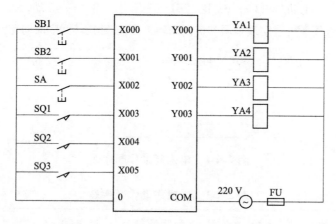

图 2-4-2　液压滑台控制 I/O 接线图

5. 设计控制程序

采用经验法设计,控制程序要求如下：

(1) 从原位(停止)状态转入快进的条件:启动开关闭合或连续周期运行方式下 T0 闭合;用 M0 保持;结束条件:SQ2 闭合。输出继电器 Y000、Y002、Y003。

(2) 从快进状态转入工进的条件:SQ2 闭合;用 M1 保持;结束条件:SQ3 闭合。输出继电器 Y000、Y002。

(3) 从工进状态转入快退的条件:SQ3 闭合;用 M2 保持;结束条件:SQ1 闭合。输出继电器 Y001、Y003。

(4) 单周期结束条件:SQ1 闭合。连续周期结束条件:停止按钮闭合。

(5) 不考虑急停和其他保护,自动往返参考程序如图 2-4-3 所示。

三、实训分析

在生产线及生产相关的设备,一般都可用状态编程法编制,速度快,修改容易,程序简洁。

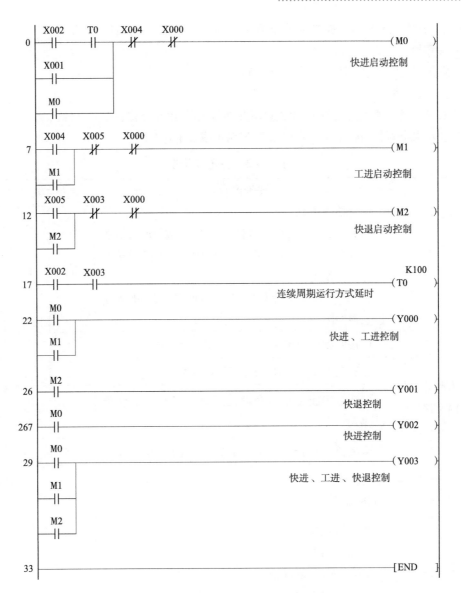

图 2-4-3　自动往返控制程序梯形图

四、实训效果评价

1. 自我评价

(1) 通过本次实训,我学到的知识点/技能点有：_____

_____

不理解的有：_____

_____

(2) 我认为在以下方面还需要深入学习并提升的专业能力：_____

_____

_____

(3)在本次实训和学习过程中,我的表现可得到:□ 优　　□ 良　　□ 中

2. 互相评价

(1)综合能力测评:参阅任务评价表2-4-3。

(2)专业能力测评:

①掌握液压滑台原理及控制,评价人填写并判断正误,给予评定;

②评价结果全对得"优",错一项得"良",错两项或以上得"中"。

表2-4-3　任务评价表

项目	评价内容	评价等级(学生互评)		
	综合能力测评: (1)请在对应条目的空格内打"√"或"×",不能确定的条目不填,可以在小组评价时让本组同学讨论并填写结论。 (2)评价结果全对得"优"错一项得"良"错两项以上得"中"	优	良	中
综合能力测评项目 (组内互评)	○按时到场○工装齐备○书、本、笔齐全			
	○安全操作○责任心强○环境整理			
	○学习积极主动○合理使用教学资源○主动帮助他人			
	○接受工作分配○有效沟通○高效完成实训任务			
专业能力测评项目 (组间互评)	接线及程序 调试能力	等级		
		签名		
小组评语 及建议	他(她)做到了: 他(她)的不足: 给他(她)的建议:	组长签名: 年　月　日		
教师评语及建议		评价等级:_____ 教师签名: 年　月　日		

实训五 三台水泵启停控制

班级：_____　　姓名：_____　　日期：_____　　测评等级：_____

实训任务	三台水泵启停控制	教学模式	任务驱动和行动导向
建议学时	2学时	教学地点	PLC实训室
实训描述	有三台水泵由M1、M2、M3三台电动机拖动，控制要求：按下启动按钮，按M1→M2→M3顺序启动，间隔时间5 s。按下停止按钮时，按M3→M2→M1顺序停机，间隔时间8 s。考虑过载保护，不考虑紧急停机。试设计其PLC控制系统，根据提供的经验编程法用状态编程法编写		
实训目标	素质目标 1.能够主动获取信息，展示学习成果，对实训过程进行总结与反思，与他人进行有效沟通，团结协作； 2.养成勤学善思，求真务实的良好品性； 3.养成严格按图作业，进行规范作业的严谨工作态度； 4.具有创新意识，能独立解决学习过程中遇到的困难； 5.养成爱护、保护实训设备的习惯。 能力目标 1.熟练掌握顺控编程的方法和技巧； 2.熟练掌握编程软件的基本操作； 3.掌握SFC编程及调试技巧		
实训准备	1.设备器材 (1)可编程控制器1台(FX2N-48MR)； (2)按钮开关2个(常开)； (3)熔断器2个(0.5A)； (4)实训控制台1个； (5)水泵实训台一套； (6)计算机1台； (7)电工常用工具1套； (8)连接导线若干。 2.分组 两人一组		

实训岗位	时段一(年月日时分) （填写起止时间）	时段二(年月日时分) （填写起止时间）
程序编制		
电气回路接线		
线圈控制回路接线		
系统调试		
实训报告编写		

一、相关知识

PLC通过控制接触器线圈控制接触器,用接触器控制电动机的启停,控制接触器线圈一般是12 V,接线时容易正负极接错,如果正负极接反,接触器不会动作。

根据液位传感器的信号,控制PLC控制器输出相应的指令,控制接触器的开或关。通过开关、电动阀门等控制水泵的启停和切换,实现多个水泵之间的自动切换。当一台水泵运行一段时间后,液位传感器检测到液位下降,PLC控制器会发出指令,切换至下一台水泵。同样的,当第二台水泵开始工作时,流量还是不能满足需要,就再启动第三台水泵。同样,用水量减少,两台水泵能满足要求,就要关掉一台水泵,如果一台水泵满足流量要求,就要关掉两台水泵,同样,如果市政管网压力能满足用水要求,可以全部关掉水泵。

二、实训实施

1. 设计硬件电路

输入/输出分配表见表2-5-1;I/O接线图如图2-5-1所示。

表2-5-1　输入/输出分配表

输入			输出		
元器件代号	元器件功能	输入继电器	元器件代号	元器件功能	输出继电器
SB1	启动按钮	X000	KM1	控制第一台电动机	Y000
SB2	停止按钮	X001	KM2	控制第二台电动机	Y001
			KM3	控制第三台电动机	Y002

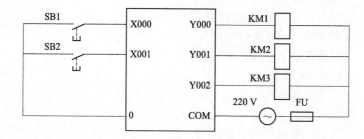

图2-5-1　三台电动机顺序控制I/O接线图

2. 控制程序设计

采用经验法设计:因第一台电动机最先启动,最后停止,因此可用Y000作联锁继电器。

(1)第一台电动机启动控制:按下SB1时。输出继电器Y000、T1。

(2)第二台电动机启动控制:T1延时5 s到。输出继电器Y001、T2。

(3)第三台电动机启动控制:T2延时5 s到。输出继电器Y002。

(4)第三台电动机停止控制:按下SB2时。输出继电器M0、T3。

(5)第二台电动机停止控制:T3延时8 s到。输出继电器T4。

(6)第一台电动机停止控制:T4延时8 s到。

设计不考虑急停和其他保护,电动机启停控制参考程序如图2-5-2所示。

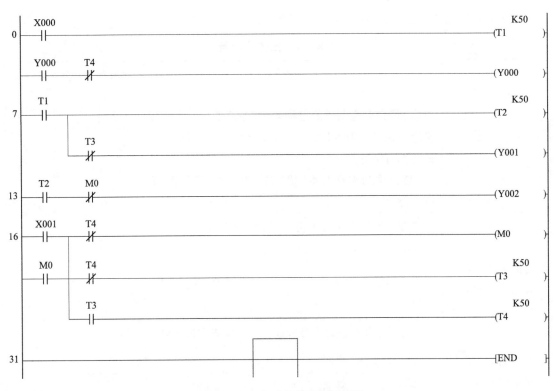

图 2-5-2　电动机控制梯形图

三、实训分析

比较简单的电动机控制,可以采用经验编程法,经验编程可以和状态编程结合使用,可以取得意想不到的效果,同学们可以通过本程序体会。

四、实训效果评价

1. 自我评价

(1)通过本次实训,我学到的知识点/技能点有:_____

_____

不理解的有:_____

_____

(2)我认为在以下方面还需要深入学习并提升的专业能力:_____

_____

_____

(3)在本次实训和学习过程中,我的表现可得到:□ 优　　　□ 良　　　□ 中

2. 互相评价

(1)综合能力测评:参阅任务评价表 2-5-2。

(2)专业能力测评:

①熟悉 PLC 对水泵的控制程序,评价人填写并判断正误,给予评定;

②评价结果全对得"优",错一项得"良",错两项或以上得"中"。

表 2-5-2　任务评价表

项　　目	评价内容	评价等级（学生互评）		
	综合能力测评： (1)请在对应条目的空格内打"√"或"×",不能确定的条目不填,可以在小组评价时让本组同学讨论并填写结论。 (2)评价结果全对得"优"错一项得"良"错两项以上得"中"	优	良	中
综合能力测评项目 （组内互评）	○按时到场○工装齐备○书、本、笔齐全			
	○安全操作○责任心强○环境整理			
	○学习积极主动○合理使用教学资源○主动帮助他人			
	○接受工作分配○有效沟通○高效完成实训任务			
专业能力测评项目 （组间互评）	接线及程序调试能力　等级			
	接线及程序调试能力　签名			
小组评语 及建议	他(她)做到了： 他(她)的不足： 给他(她)的建议：	组长签名： 年　月　日		
教师评语及建议		评价等级：_____ 教师签名： 年　月　日		

实训六　简易交通信号灯的控制

班级：_____　　姓名：_____　　日期：_____　　测评等级：_____

实训任务	简易交通信号灯的控制	教学模式	任务驱动和行动导向
建议学时	4 学时	教学地点	PLC 实训室
实训描述	简易交通信号灯示意如图 2-6-1 所示。 图 2-6-1　交通灯示意图 系统控制要求： 1. PLC 上电，按下启动按钮，东西方向绿灯亮，并维持 15 s，同时南北方向红灯亮，并维持 20 s。等 15 s 到后，东西绿灯闪亮，闪亮 3 s 后熄灭，在东西绿灯熄灭时，东西黄灯亮，并维持 2 s。到 2 s 时东西黄灯熄灭，东西红灯亮，同时，南北红灯熄灭，绿灯亮。东西红灯亮，维持 15 s，南北绿灯亮维持 10 s，然后闪亮 3 s 后熄灭。同时南北黄灯亮，维持 2 s 后熄灭，这时南北红灯亮，东西绿灯亮，周而复始。 2. 按下停止按钮，系统停止。 3. 读懂例题，用状态编程法编写程序		
实训目标	素质目标 1. 能够主动获取信息，展示学习成果，对实训过程进行总结与反思，与他人进行有效沟通，团结协作； 2. 养成勤学善思，求真务实的良好品性； 3. 具有创新意识，能独立解决学习过程中遇到的困难； 4. 养成爱护、保护实训设备的习惯。 能力目标 1. 会用定时器循环控制，完成简易交通信号灯的控制； 2. 熟练掌握 SFC 编程及调试		

实训准备	1. 设备器材 (1)每组配套 FX PLC 主机 1 台； (2)每组配套按钮开关 3 个,霓虹灯 1 套； (3)每组配套若干导线、工具等。 2. 分组 两人一组,根据实训任务进行合理分工		
	实训岗位	时段一(年月日时分) (填写起止时间)	时段二(年月日时分) (填写起止时间)
	PLC 程序编制		
	硬件接线		
	系统调试		
	实训报告编写		

一、相关知识

PLC 编程常用方法如下：

1. PLC 程序的内容

PLC 控制系统的功能是通过程序来实现的。PLC 程序的内容通常包括初始化程序；检测、故障诊断和显示程序；保护和联锁程序。

(1)初始化程序的主要内容包括将某些数据区和计数器进行清 0，使某些数据区恢复所需数据，对某些输出量置位或复位，以及显示某些初始状态等。

(2)应用程序一般都设有检测、故障诊断、显示程序等内容。

(3)保护和联锁程序用来杜绝因为非法操作而引起的控制逻辑混乱，保证系统的运行更加安全、可靠。

2. PLC 编程的要求

选用同一个机型的 PLC 实现同一个控制要求，采用不同的设计方法所编写的程序，其结构不同。尽管程序可以实现同一控制功能，但是程序的质量却可能差别很大。一个程序的质量可以由以下几个方面来衡量：

(1)程序的正确性

所谓正确的程序必须能经得起系统运行实践的考验。

(2)程序的可靠性

应用程序要保证系统在正常和非正常工作条件下都能安全可靠地运行，也能保证在出现非法操作(如按动或误触动了不该动作的按钮)等情况下不至于出现系统控制失误。

(3)参数的调整性

容易通过修改程序或参数而改变系统的某些功能。

(4)程序要简练

编写的程序简练，减少程序的语句，一般可以减少程序扫描时间，提高 PLC 对输入信号的响应速度。

（5）程序的可读性

程序不仅仅给设计者自己看，系统的维护人员也要看。

二、实训实施

1. I/O 分配

简易交通信号灯控制的输入/输出端口分配见表 2-6-1 和表 2-6-2。

表 2-6-1　简易交通信号灯的控制输入端口分配表

输　入		
名　　称		输入点
启动按钮	SB1	X000
停止按钮	SB2	X001

表 2-6-2　简易交通信号灯的控制输出端口分配表

输　出		
名　　称		输出点
东西向绿灯	HL1	Y000
东西向黄灯	HL2	Y001
东西向红灯	HL3	Y002
南北向绿灯	HL4	Y003
南北向黄灯	HL5	Y004
南北向红灯	HL6	Y005

2. 外部接线

简易交通信号灯的 PLC 外部接线图如图 2-6-2 所示。

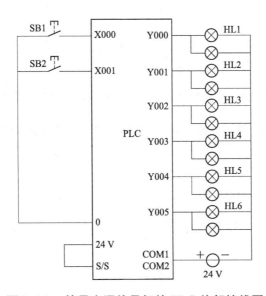

图 2-6-2　简易交通信号灯的 PLC 外部接线图

3. 设计简易交通信号灯程序

交通灯信号控制是以时间为基准的控制系统。可以运用时序流程图法,应用定时器进行梯形图程序编写。

根据控制要求分析信号灯的变化规律,十字路口交通信号灯变化规律见表2-6-3。

表 2-6-3　简易交通信号灯控制变化规律

东西方向	信号灯	绿灯 Y000 亮	绿灯 Y000 闪	黄灯 Y001 亮	红灯 Y002 亮		
	时间	15 s	3 s,3 次	2 s	15 s		
南北方向	信号灯	红灯 Y005 亮			绿灯 Y000 亮	绿灯 Y000 闪	黄灯 Y001 亮
	时间	20 s			10 s	3 s	2 s

(1) 设计思路——"统一计时"

系统启动后统一计时,如图 2-6-3 所示为统一计时的系统分析时序流程图,定时器的应用见表2-6-4。

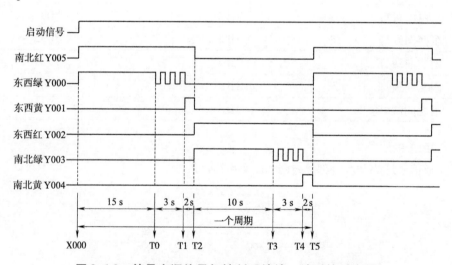

图 2-6-3　简易交通信号灯控制系统统一计时的时序图

表 2-6-4　简易交通信号灯控制统一计时系统中定时器的应用

定时器	T0	T1	T2	T3	T4	T5
时间(s)	15	18	20	30	33	35

对应的梯形图程序如图 2-6-4 所示。

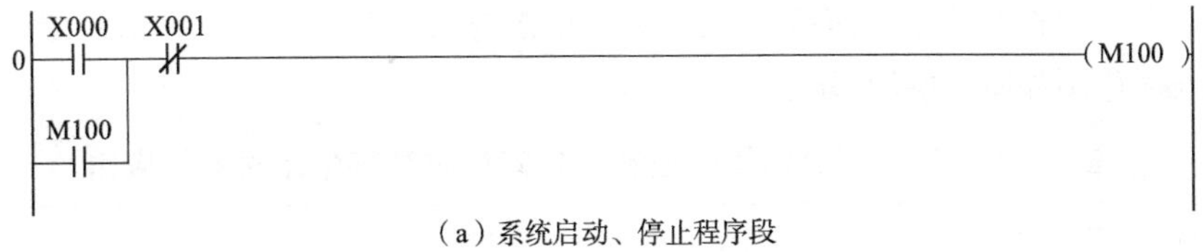

(a) 系统启动、停止程序段

(b) 信号灯时间设置程序段

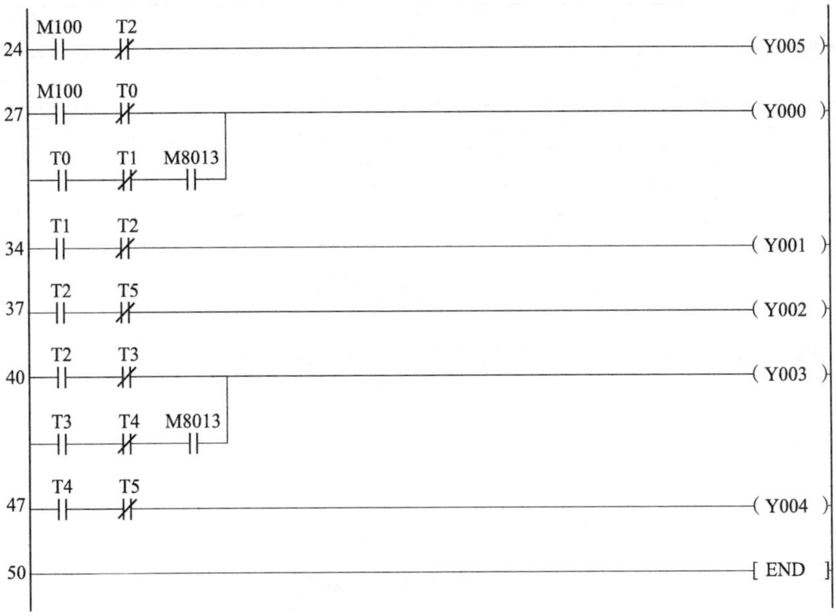

(c) 信号灯输出程序段

图 2-6-4　简易交通信号灯控制统一计时梯形图程序

①系统启动,停止控制程序段:M100为系统启动辅助继电器,在按下启动按钮后到按下停止按钮前,M100为ON状态。

②信号灯时间设置程序段:系统启动后定时器T0~T5定时器同时开始计时,当T5定时器计时完毕时T0~T5定时器又开始循环计时。

③信号灯输出程序段:根据时间段分析输出信号灯输出。对照时序图编写控制信号灯的程序。

(2)设计思路二——"分方向计时"

系统启动后分东西和南北两个方向计时,两个方向上信号灯是同时工作的。另外每个方向上可分解成几个独立的控制动作(灯亮),且这些动作严格按照一定的先后次序执行,定时器的应用见表 2-6-5,系统时序图如图 2-6-5 所示。

表 2-6-5　简易交通信号灯控制分方向计时系统中定时器的应用

定时器(东西方向)	T0	T1	T2	T3
时间(s)	15	3	2	15
定时器(南北方向)	T10	T11	T12	T13
时间(s)	20	10	3	2

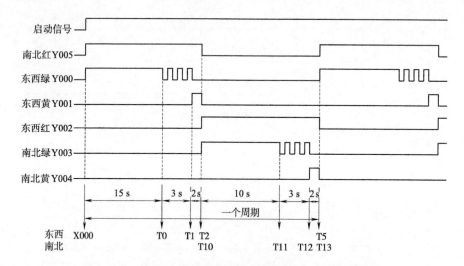

图 2-6-5　简易交通信号灯控制分方向计时时序流程图

简易交通信号灯控制分方向计时对应的梯形图程序如图 2-6-6 所示。

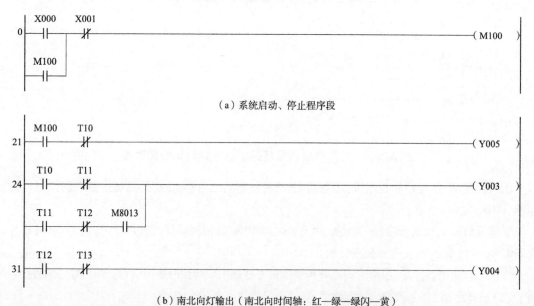

(a) 系统启动、停止程序段

(b) 南北向灯输出(南北向时间轴:红—绿—绿闪—黄)

图 2-6-6　简易交通信号灯控制分方向计时梯形图程序

```
     M100    T3                                              K150
34 ──┤├─────┤/├──────────────────────────────────────────────( T0  )

     T0                                                       K30
39 ──┤├──────────────────────────────────────────────────────( T1  )

     T1                                                       K20
43 ──┤├──────────────────────────────────────────────────────( T2  )

     T2                                                      K150
47 ──┤├──────────────────────────────────────────────────────( T3  )
```

(c) 东西向绿灯时间轴

```
     M100    T0
51 ──┤├─────┤/├─────────┬───────────────────────────────────( Y000 )
     T10    T11   M8013 │
    ──┤├────┤/├────┤├───┘

     T1     T2
58 ──┤├────┤/├───────────────────────────────────────────────( Y001 )

     T2
61 ──┤├──────────────────────────────────────────────────────( Y002 )

63 ──────────────────────────────────────────────────────────[ END ]
```

(d) 东西向灯输出

图 2-6-6　简易交通信号灯控制分方向计时梯形图程序（续）

①系统启动、停止控制程序段：M100 为系统启动辅助继电器，在按下启动按钮后到按下停止按钮前，M100 为 ON 状态。

②信号灯时间设置程序段。

a. 系统启动后，南北方向，T10（南北红灯亮时间）计时 20 s，T10 计时完毕后驱动 T11（南北绿灯亮时间）计时 10 s，T11 计时完毕后驱动 T12（南北绿灯闪时间）计时 3 s，T12 计时完毕后驱动 T13（南北黄灯亮时间）计时 2 s。当 T13 定时器计时完毕后 T10～T13 定时器又开始循环计时。

b. 系统启动后，东西方向，T0（东西绿灯亮时间）计时 15 s，T0 计时完毕后驱动 T1（东西绿灯闪时间）计时 3 s，T1 计时完毕后驱动 T2（东西黄灯亮时间）计时 2 s，T2 计时完毕后驱动 T3（东西红灯亮时间）计时 15 s。当 T3 定时器计时完毕后 T0～T3 定时器又开始循环计时。

③信号灯输出程序段：根据时间段分析输出信号灯输出。对照时序图编写控制信号灯的程序。

三、实训分析

简易交通灯可以采用经验编程法，但养成用状态编程法编写的习惯，可以缩短程序编制时间。例如生产线等设备调试中，使用状态编程法，程序的修改、调试要方便很多，所以一般复杂程序不使用经验编程法。

四、实训效果评价

1. 自我评价

(1) 通过本次实训,我学到的知识点/技能点有:_____

_____

_____

_____

_____

_____

_____

不理解的有:_____

_____

_____

_____

_____

_____

_____

(2) 我认为在以下方面还需要深入学习并提升的岗位能力:_____

_____

_____

_____

_____

_____

_____

_____

_____

_____

_____

(3) 在本次实训和学习过程中,我的表现可得到:□ 优　　□ 良　　□ 中

2. 互相评价

(1) 综合能力测评:参阅任务评价表2-6-6。

(2) 专业能力测评:

①熟悉定时器的应用,用状态编程法编写,评价人填写并判断正误,给予评定;

②评价结果全对得"优",错一项得"良",错两项或以上得"中"。

表 2-6-6　任务评价表

项　　目	评价内容	评价等级（学生互评）		
	综合能力测评： (1)请在对应条目的空格内打"√"或"×"，不能确定的条目不填，可以在小组评价时让本组同学讨论并填写结论。 (2)评价结果全对得"优"错一项得"良"错两项以上得"中"	优	良	中
综合能力测评项目 （组内互评）	○按时到场○工装齐备○书、本、笔齐全			
	○安全操作○责任心强○环境整理			
	○学习积极主动○合理使用教学资源○主动帮助他人			
	○接受工作分配○有效沟通○高效完成实训任务			
专业能力测评项目 （组间互评）	接线及程序调试能力	等级		
		签名		
小组评语 及建议	他(她)做到了： 他(她)的不足： 给他(她)的建议：	组长签名： 年　　月　　日		
教师评语及建议		评价等级：_____ 教师签名： 年　　月　　日		

实训七 抢答器犯规判别功能程序设计

班级：_____　　姓名：_____　　日期：_____　　测评等级：_____

实训任务	抢答器犯规判别功能设计	教学模式	任务驱动和行动导向
建议学时	4学时	教学地点	PLC实训室
任务描述	现有1个4路抢答器，配有4个选手抢答按钮SB1～SB4、1个主持人答题按钮SB5、复位按钮SB6、工作指示灯HL1、犯规指示灯HL12及数码管显示器等。 1．在答题过程中，当主持人按下开始答题按钮SB5后，4位选手开始抢答，抢先按下按钮的选手号码应该在显示屏上显示出来，同时有工作指示灯HL1亮，其他选手按钮不起作用。 2．如果主持人未按下开始抢答按钮就有选手抢先答题，则认为犯规，犯规选手的号码也应该闪烁显示（闪烁周期为1 s），同时犯规指示灯HL2闪烁（周期与显示屏相同）。 3．当主持人按下复位按钮，系统进行复位，重新开始抢答。完成PLC程序的编写与调试，硬件的接线与调试		
实训目标	素质目标 1．能够主动获取信息，展示学习成果，对实训过程进行总结与反思，与他人进行有效沟通，团结协作； 2．养成勤学善思，求真务实的良好品性； 3．养成严格按图作业，进行规范作业的严谨工作态度； 4．具有创新意识，能独立解决学习过程中遇到的困难； 5．养成爱护、保护实训设备的习惯。 能力目标 1．掌握特殊辅助继电器的分类； 2．会进行闪烁信号的编程； 3．会灵活应用三菱功能指令编制控制程序，会在编程环境中编写功能指令程序。会在线监控、调试		
实训准备	1．设备器材 (1)每组配套FX PLC主机1台； (2)每组配套按钮开关6个，指示灯2个，数码管1个； (3)每组配套若干导线、工具等。 2．分组 两人一组，根据实训任务进行合理分工		

实训岗位	时段一（年月日时分） （填写起止时间）	时段二（年月日时分） （填写起止时间）
程序编制		
硬件接线		
系统调试		
实训报告编写		

一、相关知识

1. 特殊功能辅助继电器的分类

有定义的特殊功能辅助继电器可分为两大类:触点利用型和线圈驱动型。

(1)触点利用型

这类辅助继电器用来反映 PLC 的工作状态,接点的通或断的状态直接由 PLC 自动驱动。在编制用户程序时,用户只能使用其接点,不能对其驱动。

M8000:为运行监控用,PLC 运行时,M8000 始终被接通。这样在运行过程中,其动合触点始终"闭合",动断触点始终"断开"。用户在编制用户程序时,可以根据不同的需要,使用 M8000 的动合触点或动断触点。

M8002:仅在 PLC 投入运行开始的瞬间接通一个扫描周期的初始脉冲。

M8013:每秒发出一个脉冲信号,即自动地每秒 ON 一次。

M8020:加减运算结果为零时,状态为 ON;否则,为 OFF。

M8060:F0 地址出错时,置位(ON),如对不存在的 X 或 Y 进行操作。

(2)线圈驱动型

这类辅助继电器是可控制的特殊功能辅助继电器。驱动这些继电器之后,PLC 将做一些特定的操作。

M8034:ON 时禁止所有输出。

M8030:ON 时熄灭电池欠电压指示灯。

M8050:ON 时禁止 I0××中断。

2. 常用时钟型特殊功能辅助继电器

时钟型辅助继电器的功能应用见表 2-7-1。

表 2-7-1 时钟型辅助继电器的功能应用

继电器	内容	继电器	内容
M8010	—	M8015	时间设置
M8011	10 ms 时钟	M8016	存储器数据保存
M8012	100 ms 时钟	M8017	±30 s 修正
M8013	1 s 时钟	M8018	时钟有效
M8014	1 min 时钟	M8019	设置错

3. 常用特殊功能辅助继电器

FX3U 系列 PLC 特殊用途型继电器的功能应用见表 2-7-2 ~ 表 2-7-7。

表 2-7-2　PLC 状态(M8000 ~ M8009)

继电器	内容	继电器	内容
M8000	RUN(动合触点)	M8005	电池电压低
M8001	RUN 监控(动断触点)	M8006	电池电压低锁存

续上表

继电器	内容	继电器	内容
M8002	初始脉冲（动合触点）	M8007	电源瞬停检出
M8003	初始脉冲（动断触点）	M8008	停电检出
M8004	出错	M8009	DC 24V 关断

表 2-7-3　标志（M8020～M8029）

继电器	内容	继电器	内容
M8020	零标记	M8025	HSC 模式
M8021	借位标记	M8026	RAMP 模式
M8022	进位标记	M8027	PR 模式
M8023	—	M8028	在执行 FROM/TO 指令过程中中断允许
M8024	BMOV 方向指定	M8029	完成标记

表 2-7-4　PLC 方式（M8030～M8039）

继电器	内容	继电器	内容
M8030	电池欠压 LED 灯灭	M8035	强制 RUN 方式
M8031	全清非保持存储器	M8036	强制 RUN 信号
M8032	全清保持存储器	M8037	强制 STOP 信号
M8033	存储器保持	M8038	通信参数设定标记
M8034	禁止所有输出	M8039	定时扫描

表 2-7-5　步进顺控（M8040～M8049）

继电器	内容	继电器	内容
M8040	M8040 置 ON 时禁止状态转移	M8045	在模式切换时，所有输出复位禁止
M8041	状态转移开始	M8046	STL 状态置 ON
M8042	启动脉冲	M8047	STL 状态监控有效
M8043	回原点完成	M8048	信号报警器动作
M8044	检出机械原点时动作	M8049	信号报警器有效

表 2-7-6 中断禁止（M8050～M8059）

继电器	内容
M8050	执行 EI 指令后,及时中断许可,但是当此 M 动作时,对应的输入中断和定时器将无法单独动作。例如,当 M8050 处于 ON 时,禁止中断 I00×
M8051	
M8052	
M8053	
M8054	
M8055	
M8056	
M8057	
M8058	
M8059	禁止来自 I010～I060 的中断

表 2-7-7 错误检测（M8060～M8069）

继电器	内容
M8060	I/O 构成错误
M8061	PLC 硬件错误
M8062	PLC/PP 通信错误
M8063	并联连接出错,RS-232 通信错误
M8064	参数错误
M8065	语法错误
M8066	回路错误
M8067	运算错误
M8068	运算错误锁存
M8069	I/O 总线检测

二、实训实施

1. I/O 分配

犯规功能抢答器控制输入/输出端口分配表见表 2-7-8。

表 2-7-8 犯规功能抢答器控制输入/输出断口分配表

输入		输出		
名称	输入点	名称		输出点
第一组选手抢答按钮 SB1	X000	工作指示灯	HL1	Y000
第二组选手抢答按钮 SB2	X001	犯规指示灯	HL2	Y001
第三组选手抢答按钮 SB3	X002	数码管	A 段	Y010
第四组选手抢答按钮 SB4	X003		B 段	Y011
主持人答题按钮 SB5	X004		C 段	Y012
主持人复位按钮 SB6	X005		D 段	Y013
			E 段	Y014
			F 段	Y015
			G 段	Y016

2. 编写控制程序

犯规功能抢答器控制程序梯形图如图 2-7-1 所示。

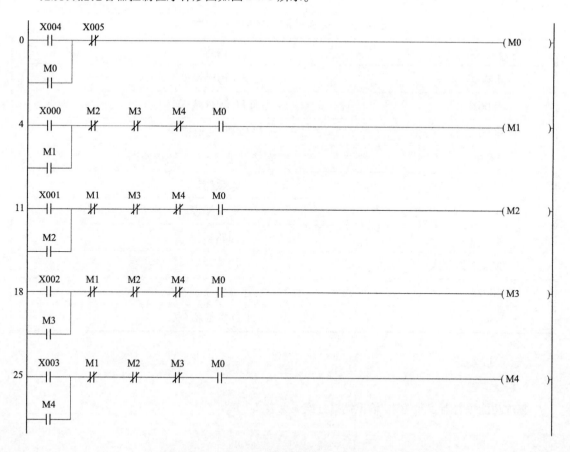

（a）抢答部分

图 2-7-1 犯规功能抢答器控制程序梯形图

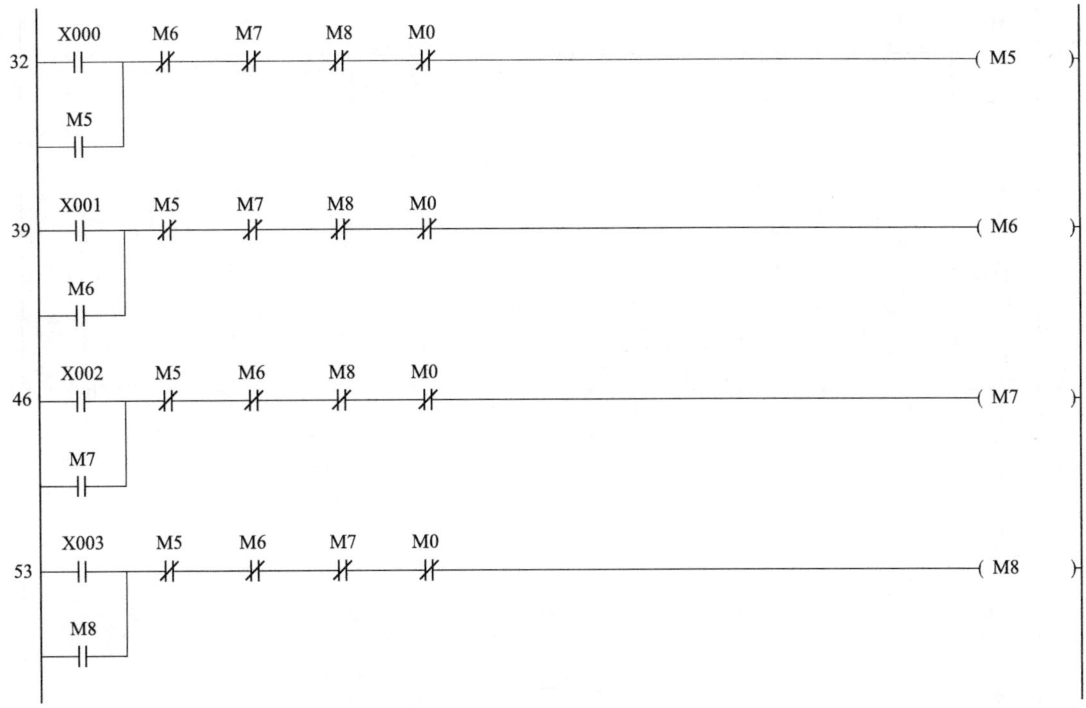

(b) 犯规部分

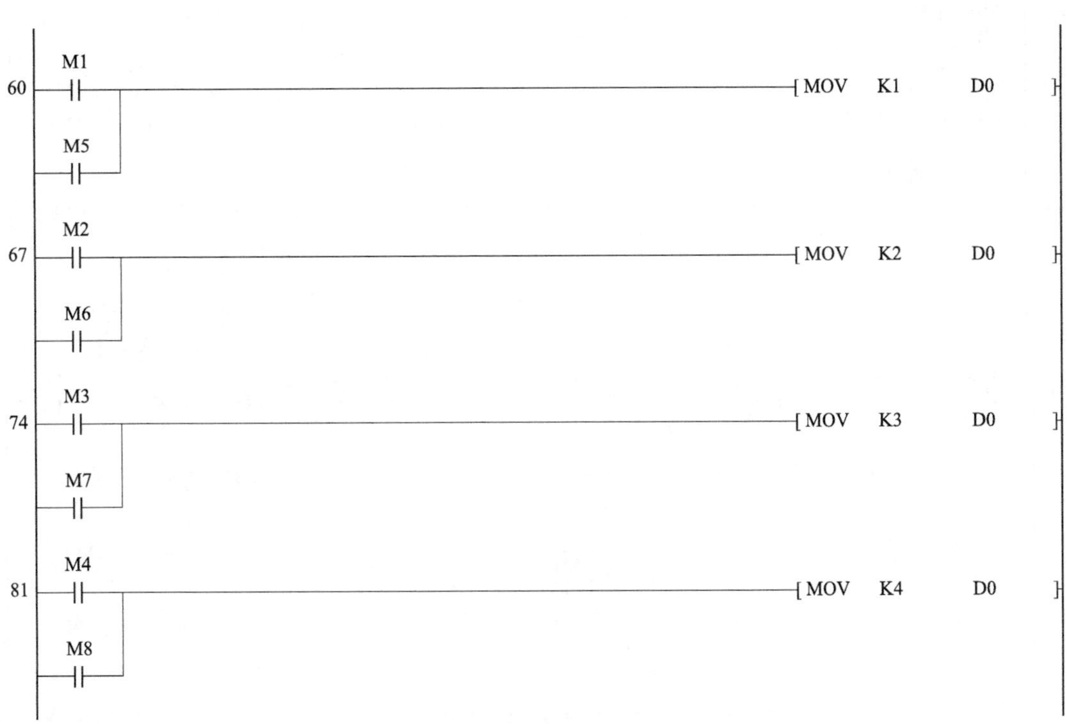

(c) 赋值部分

图 2-7-1 犯规功能抢答器控制程序梯形图(续)

```
      M1
88 ───┤├──────────────────────────────────( Y000 )
      M2
   ───┤├───
      M3
   ───┤├───
      M4
   ───┤├───

      M5
93 ───┤├──────────────────────────────────( M10 )
      M6
   ───┤├───
      M7
   ───┤├───
      M8
   ───┤├───

      M0
98 ───┤├──────────────────────[SEGD   D0   K2Y010]
      M10
   ───┤├───

      M10   M8013
105 ───┤├────┤├───────────────────────────( Y001 )

      M10   M8013
108 ───┤├────┤/├──────────────[ZRST  Y010   Y016 ]
```

（d）显示部分

```
      X005
115 ───┤├────────────────────[ZRST  Y000   Y016 ]
                             [ZRST  M0     M10  ]
                             [MOV   K0     D0   ]

131 ──────────────────────────────────────[ END ]
```

（e）复位部分

图 2-7-1　犯规功能抢答器控制程序梯形图（续）

在图 2-7-1 所示梯形图中,从正常答题(M1~M4)和犯规答题(M5~M8)两个方面进行编程。

> **注意**
> 两种情况都要显示,正常答题显示编号,而犯规答题一定要显示编号以后才能通过 M8013 控制数字闪烁。

3. 外部接线与调试

图 2-7-2 是犯规功能抢答器控制的外部接线图。

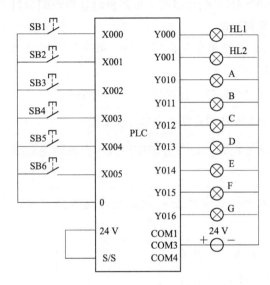

图 2-7-2　犯规功能抢答器控制接线图

三、实训分析

抢答器电路设计也可以采用状态编程法,可以减少互锁,可通过编程体会。

四、实训效果评价

1. 自我评价

(1)通过本次实训,我学到的知识点/技能点有:_____

_____

不理解的有:_____

_____

(2)我认为在以下方面还需要深入学习并提升的岗位能力:_____

_____

_____

_____

(3)在本次实训和学习过程中,我的表现可得到:□ 优　　□ 良　　□ 中

2. 互相评价

(1)综合能力测评:参阅任务评价表 2-7-9。

(2)专业能力测评：
①被评测人熟悉常用特殊功能辅助继电器,熟悉程序,评价人填写并判断正误,给予评定；
②评价结果全对得"优",错一项得"良",错两项或以上得"中"。

表 2-7-9　任务评价表

项　　目	评价内容	评价等级（学生互评）		
	综合能力测评： (1)请在对应条目的空格内打"√"或"×",不能确定的条目不填,可以在小组评价时让本组同学讨论并填写结论。 (2)评价结果全对得"优"错一项得"良"错两项以上得"中"	优	良	中
综合能力测评项目 （组内互评）	○按时到场○工装齐备○书、本、笔齐全			
	○安全操作○责任心强○环境整理			
	○学习积极主动○合理使用教学资源○主动帮助他人			
	○接受工作分配○有效沟通○高效完成实训任务			
专业能力测评项目 （组间互评）	接线及程序 调试能力	等级		
		签名		
小组评语 及建议	他(她)做到了： 他(她)的不足： 给他(她)的建议：	组长签名： 年　月　日		
教师评语及建议		评价等级：_____ 教师签名： 年　月　日		

练习　状态编程法思考与练习

1.四台电动机动作时序如题图 1 所示。M1 的循环动作周期为 34 s,M1 动作 10 s 后 M2、M3 启动,M1 动作 15 s 后,M4 动作,M2、M3、M4 的循环动作周期为 34 s,用步进顺控指令,设计其状态转移图,并进行编程。

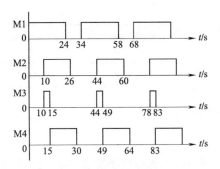

题图 1　四台电动机动作时序

2.某抢答比赛,儿童二人参赛且其中任一人按钮可抢得,学生一人组队。教授二人参加比赛且二人同时按钮才能抢得。主持人宣布开始后方可按抢答按钮。主持人台设复位按钮,抢得及违例由各分台灯指示。有人抢得时有幸运彩球转动,违例时有警报声。设计抢答器电路。

3.声光报警控制要求:按下启动按钮,报警灯以 1 Hz 的频率闪烁,蜂鸣器持续发声,闪烁 100 次停止 5 s 后重复上述过程,反复五次后停止,之后按启动按钮,又重复以上过程。用状态编程法实现要求。

4.用状态编程法设计一个显示 A,B,C,D,E,F,G,H,I,J 的程序,每个字母亮 1 s,一直循环。

5.某自动台车在启动前位于导轨的中部,如题图 2 所示。

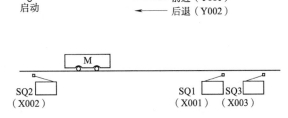

题图 2　自动台车往返运行示意

其一个工作周期的控制工艺要求如下:

(1)按下启动按钮 SB,台车电动机 M 正转,台车前进,碰到限位开关 SQ1 后,台车电动机 M 反转,台车后退。

(2)台车后退碰到限位开关 SQ2 后,台车电动机 M 停转,台车停车,停 5 s,第二次前进,碰到限位开关 SQ3,再次后退。

(3)当后退再次碰到限位开关 SQ2 时,台车停止。

请用状态编程法设计控制程序。

6. 用状态编程法编制程序。

某人行横道设有红、绿两盏信号灯，一般是红灯亮。在道路两边分别设有按钮 X000 和 X001。行人要横穿公路时需按一下按钮[X000 或 X001]，交通灯将按题图3所示的顺序变化。按下 X001 或 X000 至公路交通灯由红变绿这段时间内，再按按钮将不起作用。请用状态编程法设计控制程序。

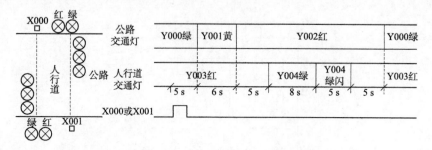

题图3　人行横道交通灯动作流程

第三篇 功 能 指 令

实训一 用计数器实现顺序控制

计数器实现
顺序控制

班级：_____ 姓名：_____
日期：_____ 测评等级：_____

实训任务	用计数器实现顺序控制	教学模式	任务驱动和行动导向
建议学时	1学时	教学地点	PLC实训室
实训描述	用计数器递增计数的原理，对被控对象实现顺序启/停控制，一般计数器作为循环使用，这里作为控制使用		
实训目标	素质目标 1.能够主动获取信息，展示学习成果，对实训过程进行总结与反思，与他人进行有效沟通，团结协作； 2.养成勤学善思，求真务实的良好品性； 3.具有创新意识，能独立解决学习过程中遇到的困难； 4.养成爱护、保护实训设备的习惯。 能力目标 1.熟练用计数器实现顺序控制； 2.熟练应用比较指令进行编程		
实训准备	1.设备器材 (1)可编程控制器1台(FX2N-48MR)； (2)计算机1台，安装PLC软件； (3)PLC实训台。 2.分组 一人一组		

实训岗位	时段一(年月日时分) (填写起止时间)	时段二(年月日时分) (填写起止时间)
程序编制		
程序调试		
实训报告编写		

一、相关知识

比较指令包括 CMP(比较)和 ZCP(区间比较)两条。

1. 比较指令 CMP

(D)CMP(P)指令的编号为 FNC10,是将源操作数[S1.]和源操作数[S2.]的数据进行比较,比较结果用目标元件[D.]的状态来表示。如图 3-1-1 所示,当 X001 为接通时,把常数 100 与 C20 的当前值进行比较,比较的结果送入 M0~M2 中。X001 为 OFF 时不执行,M0~M2 的状态也保持不变。

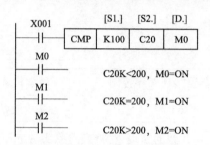

图 3-1-1　比较指令的使用

2. 区间比较指令 ZCP

(D)ZCP(P)指令的编号为 FNC11,指令执行时源操作数[S.]与[S1.]和[S2.]的内容进行比较,并比较结果送到目标操作数[D.]中。如图 3-1-2 所示,当 X000 为 ON 时,把 C30 当前值与 K100 和 K120 相比较,将结果送 M3、M4、M5 中。X000 为 OFF,则 ZCP 不执行,M3、M4、M5 不变。

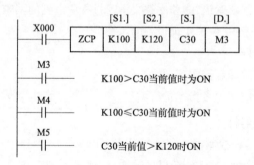

图 3-1-2　区间比较指令的使用

使用比较指令 CMP/ZCP 时应注意

(1)[S1.]、[S2.]可取任意数据格式,目标操作数[D.]可取 Y、M 和 S。

(2)使用 ZCP 时,[S2.]的数值不能小于[S1.]。

(3)所有的源数据都被看成二进制值处理。

二、实训实施

计数器实现顺序控制:

如图 3-1-3 所示为用计数器实现顺序控制梯形图。若 C0 值为"4"且 X000 闭合,则 C0 复位为"0"。当 X000 第一次闭合时,C0 计数值递增为"1"。比较指令 CMP 将 C0 的当前值"1"与数值"2"

比较。此时C0小于"2",则M0的状态为ON,Y000接通。第二次闭合时,C0的当前值"2",此时C0等于"2",则M1的状态为ON,Y001接通。第三次闭合时,C0的当前值"3",此时C0大于"2",则M2的状态为ON,Y002接通。第四次闭合时,C0计数值为"4",Y003接通,同时将计数器复位,又开始下一轮计数。

如此往复,实现顺序控制。这里X000既可以是手动开关,也可以是内部定时时钟脉冲,后者可实现自动循环控制。程序中使用比较指令CMP,将C0当前计数值与常数"2"比较,接通相应的辅助继电器与输出继电器,当C0计数值为"4"时,Y003接通输出继电器。所以每一个输出只接通一次,并且当下一输出接通时上一输出即断开。

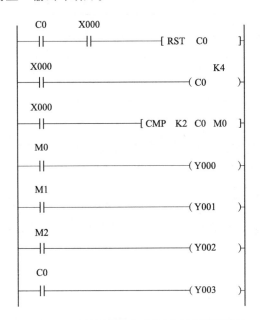

图3-1-3　用计数器实现顺序控制梯形图

计数器实现顺序控制梯形图对应的语句表如下:

```
LD    C0
AND   X000
RST   C0
LD    X000
OUT   C0      K4
LD    X000
CMP   K2      C0    M0
LD    M0
OUT   Y000
LD    M1
OUT   Y001
LD    M2
OUT   Y002
LD    C0
OUT   Y003
END
```

三、实训分析

用计数器实现顺序控制程序利用增1计数器C0进行计数，由控制触点X000闭合的次数驱动计数器计数，结合比较CMP指令（也可以用AND＞、AND≥、AND＜等指令），将计数器的计数过程中间值与给定值比较，确定被控对象在不同时间点上的启/停，从而实现控制各输出接通的顺序。

四、实训效果评价

1. 自我评价

(1) 通过本次实训，我学到的知识点/技能点有：_____

_____

_____

_____

_____

_____

_____

不理解的有：_____

_____

_____

_____

_____

_____

_____

(2) 我认为在以下方面还需要深入学习并提升的专业能力：_____

_____

_____

_____

_____

_____

_____

_____

(3) 在本次实训和学习过程中，我的表现可得到：□ 优　　□ 良　　□ 中

2. 互相评价

(1) 综合能力测评：参阅任务评价表3-1-1。

(2) 专业能力测评：

①掌握比较指令，熟悉计数器的使用，评价人填写并判断正误，给予评定；

②评价结果全对得"优"，错一项得"良"，错两项或以上得"中"。

表 3-1-1 任务评价表

项目	评价内容	评价等级(学生互评)		
	综合能力测评： (1)请在对应条目的空格内打"√"或"×",不能确定的条目不填,可以在小组评价时让本组同学讨论并填写结论。 (2)评价结果全对得"优"错一项得"良"错两项以上得"中"	优	良	中
综合能力测评项目 （组内互评）	○按时到场○工装齐备○书、本、笔齐全			
	○安全操作○责任心强○环境整理			
	○学习积极主动○合理使用教学资源○主动帮助他人			
	○接受工作分配○有效沟通○高效完成实训任务			
专业能力测评项目 （组间互评）	接线及程序调试能力	等级		
		签名		
小组评语 及建议	他(她)做到了： 他(她)的不足： 给他(她)的建议：	组长签名： 年　月　日		
教师评语及建议		评价等级：_____ 教师签名： 年　月　日		

实训二　用移位指令实现顺序控制

班级：_____　　姓名：_____　　日期：_____　　测评等级：_____

实训任务	用移位指令实现顺序控制	教学模式	任务驱动和行动导向
建议学时	1学时	教学地点	PLC实训室
任务描述	用移位指令将移位数据存储单元中的数据位移动，当某数据位为"1"时，利用该位启动其后的输出，对被控对象实现顺序启/停控制		
实训目标	素质目标 1.能够主动获取信息，展示学习成果，对实训过程进行总结与反思，与他人进行有效沟通，团结协作； 2.养成勤学善思，求真务实的良好品性； 3.养成严格按图作业，进行规范作业的严谨工作态度； 4.具有创新意识，能独立解决学习过程中遇到的困难； 5.养成爱护、保护实训设备的习惯。 能力目标 1.熟练使用移位指令； 2.能用移位指令实现顺序控制		
实训准备	1.设备器材 (1)可编程控制器1台(FX2N-48MR)； (2)计算机1台，安装PLC软件； (3)PLC实训台。 2.分组 一人一组		
	实训岗位	时段一(年月日时分) (填写起止时间)	时段二(年月日时分) (填写起止时间)
	程序编写		
	程序调试		
	实训报告编写		

一、相关知识

位右移和位左移指令：

位右移指令 SFTR(P) 和位左移指令 SFTL(P) 的编号分别为 FNC34 和 FNC35。它们使位元件中的状态成组地向右(或向左)移动。n_1 指定位元件的长度，n_2 指定移位数，n_1 和 n_2 的关系及范围因机型不同而有差异，一般为 $n_2 \leq n_1 \leq 1\,024$。位右移指令

位左移指令讲解

使用如图 3-2-1 所示。

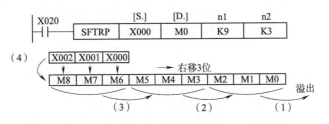

图 3-2-1　位右移指令的使用

使用位右移和位左移指令时应注意
1. 源操作数可取 X、Y、M、S，目标操作数可取 Y、M、S。
2. 只有 16 位操作，占 9 个程序步。

二、实训实施

移位指令编写的顺序控制如下：

如图 3-2-2 所示为用左移移位指令编写的顺序控制梯形图。该程序利用一个开关触点 X000 实现对输出继电器 Y000、Y001、Y002 和 Y003 的顺序控制。X000 为移位脉冲控制触点，X000 每闭合一次，移位寄存区（M0、M1、M2、M3）左移一位。当（M0、M1、M2、M3）初始值为 0 时，M10 置位为 1，即 M10 为 1。当 X001 第一次闭合时将 M10 移入 M0，M0 为 1，此时输出 Y000 被接通。当 X000 第二次闭合时将 M0 移入 M1，此时 M1 为 1，使输出 Y001 被接通，同时"M0"断开。此后 X001 每闭合一次，则寄存区（M0、MI、M2、M3）左移一位。

位左移
顺序控制

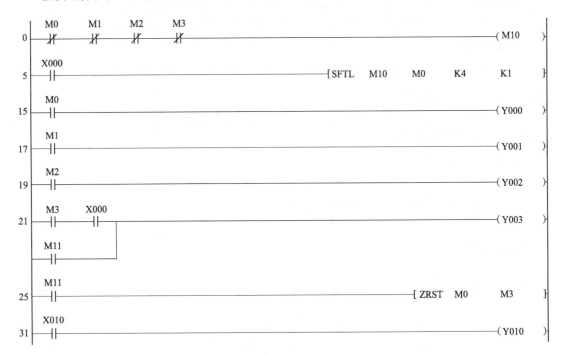

图 3-2-2　用左移移位指令编写的顺序控制梯形图

当 X000 第三次闭合时，Y003 被接通。当 X000 第四次闭合时，M11 为 1，Y003 被接通，同时将移位寄存区（M0、M1、M2、M3）各位复位。于是又开始新一轮循环，如此实现各输出的顺序接通与断开。

用左移移位指令编写的顺序控制梯形图对应的语句表如下：

```
LDI  M0
LDI  M1
LDI  M2
LDI  M3
OUT  M10
LD   X000
SFTL M10 M0 K4 K1
LD   M0
OUT  Y000
LD   M1
OUT  Y001
LD   M2
OUT  Y002
LD   M3
AND  X000
OUT  M11
LD   Y003
ANI  X000
OR   M11
OUT  Y003
LD   M11
ZRST M0 M3
LD   X010
OUT  Y010
END
```

三、实训分析

本程序用左移位指令将移位寄存区的数据位左移，利用左移位指令启动其后的输出，确定被控对象在不同时间点上的启/停。

除了上面介绍的顺序控制方法外，还有其他方法，如顺序控制功能指令，可根据上面的介绍，自行开发出更多更好的控制程序。

四、实训效果评价

1. 自我评价

（1）通过本次实训，我学到的知识点/技能点有：_____

_____

不理解的有：_____

（2）我认为在以下方面还需要深入学习并提升的岗位能力：_____

_____

_____

(3)在本次实训和学习过程中,我的表现可得到:□ 优　　□ 良　　□ 中

2.互相评价

(1)综合能力测评:参阅任务评价表3-2-1。

(2)专业能力测评:

①掌握移位指令的使用,评价人填写并判断正误,给予评定;

②评价结果全对得"优",错一项得"良",错两项或以上得"中"。

表3-2-1　任务评价表

项　　目	评价内容	评价等级(学生互评)		
	综合能力测评: (1)请在对应条目的空格内打"√"或"×",不能确定的条目不填,可以在小组评价时让本组同学讨论并填写结论。 (2)评价结果全对得"优"错一项得"良"错两项以上得"中"	优	良	中
综合能力测评项目 (组内互评)	○按时到场○工装齐备○书、本、笔齐全			
	○安全操作○责任心强○环境整理			
	○学习积极主动○合理使用教学资源○主动帮助他人			
	○接受工作分配○有效沟通○高效完成实训任务			
专业能力测评项目 (组间互评)	接线及程序 调试能力	等级		
		签名		
小组评语 及建议	他(她)做到了: 他(她)的不足: 给他(她)的建议:	组长签名: 　　　　年　月　日		
教师评语及建议		评价等级:_____ 教师签名: 　　　　年　月　日		

实训三 步进电动机正反转控制

班级：_____   姓名：_____   日期：_____   测评等级：_____

实训任务	步进电动机正反转控制	教学模式	任务驱动和行动导向
建议学时	2学时	教学地点	PLC实训室
实训描述	用PLC对步进电机的正反转进行控制		
实训目标	素质目标 1.能够主动获取信息，展示学习成果，对实训过程进行总结与反思，与他人进行有效沟通，团结协作； 2.养成勤学善思，求真务实的良好品性； 3.养成严格按图作业，进行规范作业的严谨工作态度； 4.具有创新意识，能独立解决学习过程中遇到的困难； 5.养成爱护、保护实训设备的习惯。 能力目标 1.熟练步进电动机正反转控制程序编制； 2.掌握译码和编码指令		

实训准备	1.设备器材 (1)可编程控制器1台(FX2N-48MR)； (2)计算机1台，安装PLC软件； (3)PLC实训台。 2.分组 一人一组		
	实训岗位	时段一(年月日时分) （填写起止时间）	时段二(年月日时分) （填写起止时间）
	程序编制		
	主回路接线		
	线圈控制回路接线		
	系统调试		
	实训报告编写		

一、相关知识

1.译码和编码指令

(1)译码指令 DECO

DECO(P)指令的编号为 FNC41。如图 3-3-1 所示，$n=3$ 则表示[S.]源操作数为3位，即为

X000、X001、X002。其状态为二进制数,当值为011时相当于十进制3,则由目标操作数 M7~M0 组成的8位二进制数的第三位 M3 被置1,其余各位为0。如果为000则 M0 被置1。用译码指令可通过[D.]中的数值来控制元件的 ON/OFF。

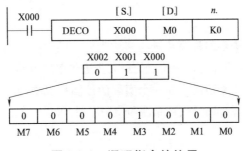

图 3-3-1　译码指令的使用

使用译码指令时的注意事项

1. 位源操作数可取 X、T、M 和 S,位目标操作数可取 Y、M 和 S,字源操作数可取 K,H,T,C,D,V 和 Z,字目标操作数可取 T,C 和 D。

2. 若[D.]指定的目标元件是字元件 T、C、D,则 $n \leq 4$;若是位元件 Y、M、S,则 $n = 1 \sim 8$。译码指令为 16 位指令,占 7 个程序步。

(2) 编码指令 ENCO

ENCO(P)指令的编号为 FNC42。如图 3-3-2 所示,当 X001 有效时执行编码指令,将[S.]中最高位的1(M3)所在位数(4)放入目标元件 D10 中,即把 011 放入 D10 的低3位。

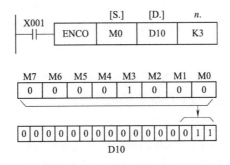

图 3-3-2　编码指令的使用

使用编码指令时的注意事项

1. 源操作数是字元件时,可以是 T、C、D、V 和 Z;源操作数是位元件,可以是 X、Y、M 和 S。目标元件可取 T、C、D、V 和 Z。编码指令为 16 位指令,占 7 个程序步。

2. 操作数为字元件时应使用 $n \leq 4$,为位元件时则 $n = 1 \sim 8$,$n = 0$ 时不作处理。

3. 若指定源操作数中有多个1,则只有最高位的1有效。

2. 步进电动机控制原理

步进电动机是一种将电脉冲信号转换成相应角位移或直线位移的机电执行元件,广泛应用于自动化控制领域。每当输入一个电脉冲时,它便转过一个固定的步距角,脉冲一个一个地输入,电动机便一步一步地转动,脉冲的数量决定了旋转的总角度,脉冲的频率决定了旋转的速度,方向信号决定旋转方向。

步进电动机能响应而不失步的最高步进频率称为启动频率。与此类似,停止频率是指系统控制信号突然关断,步进电动机不冲过目标位置的最高步进频率。电动机的启动频率、停止频率和输出转矩都要与负载的转动惯量相适应。在一个实际的控制系统中,要根据负载的情况来选择步进电动机。同时,考虑系统响应的及时性、可靠性和使用寿命,PLC 大多选择晶体管输出型。

二、实训实施

用三菱 FX2N PLC 控制一台步进电动机,可以用 Y000、Y001 和 Y002 分别输出到 A、B、C 相功放电路,驱动三相步进电动机,如图 3-3-3 所示。

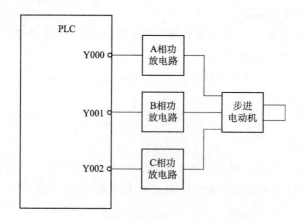

图 3-3-3 PLC 控制步进电动机系统示意图

1. 选择控制系统组成及元件

系统由三菱 FX2N PLC、电源模块、功放器与步进电动机组成。FX2N PLC 作为控制系统的核心,有 8 输入/8 输出,共 16 个数字量 I/O 端子,有较强的控制能力。

2. PLC 硬件接线

PLC 主控单元由现场按钮输入信号、脉冲状态指示灯等输出信号组成。根据控制要求列出输入/输出信号,并标出代号,见表 3-3-1。分配每个 I/O 点的地址,并画出 PLC 与现场器件的安装接线图,如图 3-3-4 所示。

表 3-3-1 I/O 分配表

输入信号			输出信号	
代号	地址名	名称	地址名	名称
SB0	X000	正、反转开关	Y000	A 相功放电路
SB1	X001	启/停按钮	Y001	B 相功放电路

续上表

输入信号			输出信号	
代号	地址名	名称	地址名	名称
SB2	X002	减速按钮	Y002	C相功放电路
SB3	X003	加速按钮	Y004	运行指示灯HL

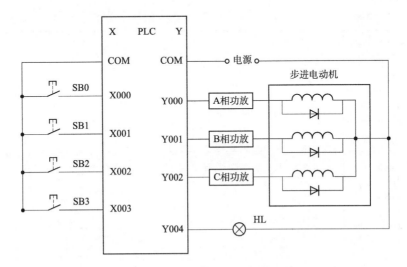

图 3-3-4　PLC 与现场器件的安装接线图

3. 编写 PLC 控制程序

三菱 FX2N PLC 直接经功放器驱动步进电动机的控制程序的梯形图如图 3-3-5 所示。电动机启动时,按下按钮 SB1,X001、Y004 和 M0 由"0"翻转为"1",运行指示灯 HL 亮,M0 常开触点闭合,接通 58 行定时器 T246,延时时间为 D0,D0 的初始值为 K500。此时,第 7 行的 DECOP 和 INCP 指令作用,指定输出继电器 Y000、Y001、Y002 脉冲列输出顺序,通过 23、31、39 行输出脉冲控制步进电动机正转(X000 默认为 OFF 状态,电动机正转)。若 SB0 合上,X000 的状态为 ON,电动机反转。按下按钮 SB2,62 行中 X002 闭合,D0 在 M8012 的 0.1 s 脉冲下进行加 1 计数,即对步进电动机减速调整,并设定最高频率 K5000 时断开。同理,按下按钮 SB3,X003 闭合,对步进电动机进行加速调整,并设定最低频率 K200 时断开。再按下按钮 SB1,X001、Y004 和 M0 由"1"翻转为"0",运行指示灯 HL 熄灭,Y004 常开触点断开、常闭触点闭合,将输出继电器 Y000~Y003 复位,电动机停止。

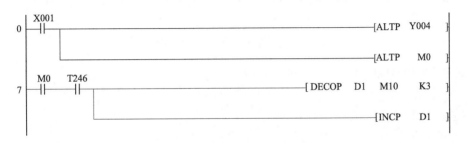

图 3-3-5　步进电动机控制梯形图

```
       M16
19     ─┤├───────────────────────────────────────[ RST  D1  ]
       M11   X000
23     ─┤├───┤/├──────────────────────────────────────( Y000 )
       M14   X000
       ─┤├───┤├─┐
       M10     │
       ─┤├─────┤
       M15     │
       ─┤├─────┘

       M11   X000
31     ─┤├───┤/├──────────────────────────────────────( Y001 )
       M14   X000
       ─┤├───┤├─┐
       M12     │
       ─┤├─────┤
       M13     │
       ─┤├─────┘

       M13   X000
39     ─┤├───┤/├──────────────────────────────────────( Y002 )
       M14
       ─┤├─┐
       M15 │
       ─┤├─┤
       M10   X000
       ─┤├───┤├─┤
       M11     │
       ─┤├─────┤
       M12     │
       ─┤├─────┘

       M8000
49     ─┤├───────────────────────────────[ MOV  K500  D0 ]
       T246
55     ─┤├───────────────────────────────────[ RST  T246 ]
       M0                                              D0
58     ─┤├─────────────────────────────────────────────( T246 )
              X002  M8012
62     [<= D0 K500]─┤├───┤├──────────────────────[ INCP D0 ]
              X003  M8012
72     [>= D0 K200]─┤├───┤├──────────────────────[ DECP D0 ]
       Y004
82     ─┤/├──────────────────────────────[ ZRST Y000  Y003 ]

88     ──────────────────────────────────────────────[ END ]
```

图 3-3-5 步进电动机控制梯形图（续）

步进电动机控制程序梯形图对应的语句表如下：

```
0    LD     X001
1    ALTP   Y004
4    ALTP   M0
7    LD     M0
```

```
 8  AND  T246
 9  DECOP  D1  M10  K3        * <指定脉冲列输出顺序>
16  INCP  D1                  * <移位值>
19  LD  M16
20  RST  D1                   * <复位>
23  LD  M11
24  ANI  X000                 * <当 X000 的状态为 OFF 时,电动机正转>
25  LD  M14
26  AND  X000                 * <当 X000 的状态为 ON 时,电动机反转>
27  ORB
28  OR  M10
29  OR  M15
30  OUT  Y000
31  LD  M11
32  ANI  X000
33  LD  M14
34  AND  X000
35  ORB
36  OR  M12
37  OR  M13
38  OUT  Y001
39  LD  M13
40  OR  M14
41  OR  M15
42  ANI  X000
43  LD  M10
44  AND  X000
45  ORB
46  OR  M11
47  OR  M12
48  OUT  Y002
49  LD  M8000                 * <脉冲频率初值>
50  MOV  K500  D0
55  LD  T246                  * <脉冲列形成>
56  RST  T246
58  LD  M0
59  OUT  T246  D0
62  LD< =  D0  K5000          * <减速调整,并设定最高频率>
67  AND  X002
68  AND  M8012
69  INCP  D0
72  AND  LD > =  D0  K200     * <加速调整,并设定最低频率>
73  AND  X003
74  AND  M8012
79  DECP  D0
82  LDI  Y004
83  ZRST  Y000  Y003
88  END
```

三、实训分析

在现代自动控制设备中,步进电动机的应用越来越多,对步进电动机的控制成为一个普遍性的问题。现今的 PLC 功能越来越强,指令速度越来越快,用微小型 PLC 就能构成各种步进电动机控制系统,具有控制简单、运行稳定、开发周期短等优点,是一种切实可行的步进电动机控制方案。

本实训主要介绍的是 PLC 直接经功放器驱动步进电动机的开环控制,程序具有正、反转,加、减速调整,频率设定等功能,用特殊功能辅助继电器 M8012 的脉冲信号控制步进电动机运行,程序结构合理、可读性好。如果用旋转编码器作速度或位置反馈,结合 PLC 的高速脉冲计数功能,还可实现闭环控制。

四、实训效果评价

1. 自我评价

(1)通过本次实训,我学到的知识点/技能点有:_____
_____
_____
_____
_____
_____
_____

不理解的有:_____
_____
_____
_____
_____
_____
_____

(2)我认为在以下方面还需要深入学习并提升的专业能力:_____
_____
_____
_____
_____
_____
_____
_____

(3)在本次实训和学习过程中,我的表现可得到:□ 优   □ 良   □ 中

2. 互相评价

(1)综合能力测评:参阅任务评价表 3-3-2。
(2)专业能力测评:
①熟悉步进电动机正反转控制,评价人填写并判断正误,给予评定;
②评价结果全对得"优",错一项得"良",错两项或以上得"中"。

表 3-3-2　任务评价表

项　目	评价内容	评价等级（学生互评）		
	综合能力测评： (1)请在对应条目的空格内打"√"或"×"，不能确定的条目不填，可以在小组评价时让本组同学讨论并填写结论。 (2)评价结果全对得"优"错一项得"良"错两项以上得"中"	优	良	中
综合能力测评项目 （组内互评）	○按时到场○工装齐备○书、本、笔齐全			
	○安全操作○责任心强○环境整理			
综合能力测评项目 （组内互评）	○学习积极主动○合理使用教学资源○主动帮助他人			
	○接受工作分配○有效沟通○高效完成实训任务			
专业能力测评项目 （组间互评）	接线及程序调试能力	等级		
		签名		
小组评语 及建议	他(她)做到了： 他(她)的不足： 给他(她)的建议：	组长签名： 　　年　　月　　日		
教师评语及建议		评价等级：＿＿＿＿ 教师签名： 　　年　　月　　日		

实训四　简易加减法功能计算器的设计

班级:_____　　姓名:_____　　日期:_____　　测评等级:_____

实训任务	简易加减法功能计算器的设计	教学模式	任务驱动和行动导向
建议学时	4学时	教学地点	PLC实训室
任务描述	有一加减法计算器,有SB0~SB4五个按钮、模式转换开关SA和一个数码管显示器组成。按钮SB1~SB4分别对应1~4数值,转换开关SA可选择"加法"挡和"减法"挡。选择"加法"挡时,当按下对应按钮后,在数码管上显示实时累加后的值;选择"减法"挡时,当按下对应按钮后,在数码管上显示完成减法计算后的值,且如果被减数<减数,则按下按钮后无效;按下清0按钮SB0,可对这个计算器进行清0操作,数码显示器数值清0。完成PLC程序的编写与调试,硬件的接线与调试		
实训目标	素质目标 1.能够主动获取信息,展示学习成果,对实训过程进行总结与反思,与他人进行有效沟通,团结协作; 2.养成勤学善思,求真务实的良好品性; 3.养成严格按图作业,进行规范作业的严谨工作态度; 4.具有创新意识,能独立解决学习过程中遇到的困难; 5.养成爱护、保护实训设备的习惯。 能力目标 1.会根据控制要求选择合适的四则逻辑运算指令进行编程,并能调试出结果; 2.能熟练运用运算指令进行编程		
实训准备	1.设备器材 (1)每组配套 FX PLC 主机1台; (2)每组配套若干导线、工具等。 2.分组 两人一组,根据实训任务进行合理分工		

实训岗位	时段一(年月日时分) (填写起止时间)	时段二(年月日时分) (填写起止时间)
程序编制		
程序调试		
实训报告编写		

一、相关知识

1. 算术运算指令

(1) 加法指令 ADD

(D)ADD(P)指令的编号为 FNC20。它是将指定的元件中的二进制数相加结果送到指定的目标元件中去。如图 3-4-1 所示,当 X000 为 ON 时,执行(D10)+(D12)→(D14)。

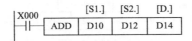

图 3-4-1 加法指令的使用

(2) 减法指令 SUB

(D)SUB(P)指令的编号为 FNC21。它是将[S1.]指定元件中的内容以二进制形式减去[S2.]指定元件的内容,其结果存入由[D.]指定的元件中。如图 3-4-2 所示,当 X000 为 ON 时,执行(D10)—(D12)→(D14)。

图 3-4-2 减法指令的使用

使用加法和减法指令时应注意的事项

1. 操作数可取所有数据类型,目标操作数可取 KnY、KnM、KnS、T、C、D、V 和 Z。
2. 16 位运算占 7 个程序步,32 位运算占 13 个程序步。
3. 数据为有符号二进制数,最高位为符号位(0 为正,1 为负)。
4. 加法指令有三个标志:零标志(M8020)、借位标志(M8021)和进位标志(M8022)。当运算结果超过 32 767(16 位运算)或 2 147 483 647(32 位运算)则进位标志置 1;当运算结果小于 -32 767(16 位运算)或 -2 147 483 647(32 位运算),借位标志就会置 1。

---

(3) 乘法指令 MUL

(D)MUL(P)指令的编号为 FNC22。数据均为有符号数。如图 3-4-3 所示,当 X000 为 ON 时,将二进制 16 位数[S1.]、[S2.]相乘,结果送[D.]中。D 为 32 位,即(D0)×(D2)→(D5,D4)(16 位乘法);当 X001 为 ON 时,(D1,D0)×(D3,D2)→(D7,D6,D5,D4)(32 位乘法)。

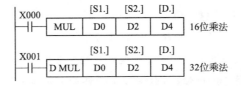

图 3-4-3 乘法指令的使用

(4) 除法指令 DIV

(D)DIV(P)指令的编号为 FNC23。其功能是将[S1.]指定为被除数,[S2.]指定为除数,将除得的结果送到[D.]指定的目标元件中,余数送到[D.]的下一个元件中。如图3-4-4所示,当X000为ON时(D0)÷(D2)→(D4)商,(D5)余数(16位除法);当X001为ON时(D1,D0)÷(D3,D2)→(D5,D4)商,(D7,D6)余数(32位除法)。

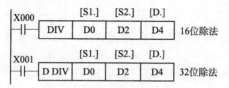

图3-4-4 除法指令的使用

使用乘法和除法指令时应注意的事项

1. 源操作数可取所有数据类型,目标操作数可取KnY、KnM、KnS、T、C、D、V和Z.,要注意Z只有16位乘法时能用,32位不可用。

2. 16位运算占7程序步,32位运算为13程序步。

3. 32位乘法运算中,如用位元件作目标,则只能得到乘积的低32位,高32位将丢失,这种情况下应先将数据移入字元件再运算;除法运算中将位元件指定为[D.],则无法得到余数,除数为0时发生运算错误。

4. 积、商和余数的最高位为符号位。

(5)加1和减1指令

加1指令(D)INC(P)的编号为FNC24;减1指令(D)DEC(P)的编号为FNC25。INC和DEC指令分别是当条件满足则将指定元件的内容加1或减1。如图3-4-5所示,当X000为ON时,(D10)+1→(D10);当X001为ON时,(D11)+1→(D11)。若指令是连续指令,则每个扫描周期均作一次加1或减1运算。

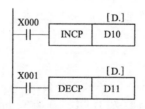

图3-4-5 加1和减1指令的使用

使用加1和减1指令时应注意的事项

1. 指令的操作数可为KnY、KnM、KnS、T、C、D、V、Z。

2. 当进行16位操作时为3个程序步,32位操作时为5个程序步。

3. 在INC运算时,如数据为16位,则由+32 767再加1变为-32 768,但标志不置位;同样,32位运算由+2 147 483 647再加1就变为-2 147 483 648时,标志也不置位。

4. 在DEC运算时,16位运算-32 768减1变为+32 767,且标志不置位;32位运算由-2 147 483 648减1变为=2 147 483 647,标志也不置位。

2. 逻辑运算类指令

（1）逻辑与指令 WAND

（D）WAND（P）指令的编号为 FNC26。是将两个源操作数按位进行与操作,结果送指定元件。

（2）逻辑或指令 WOR

（D）WOR（P）指令的编号为 FNC27。它是对二个源操作数按位进行或运算,结果送指定元件。如图 3-4-6 所示,当 X001 有效时,(D10)∨(D12)→(D14)。

（3）逻辑异或指令 WXOR

（D）WXOR（P）指令的编号为 FNC28。它是对源操作数位进行逻辑异或运算。

（4）求补指令 NEG

（D）NEG（P）指令的编号为 FNC29。其功能是将［D.］指定的元件内容的各位先取反再加 1,将其结果再存入原来的元件中。

WAND、WOR、WXOR 和 NEG 指令的使用如图 3-4-6 所示。

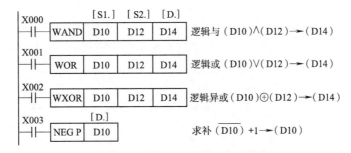

图 3-4-6　逻辑运算指令的使用

使用逻辑运算指令时应注意的事项

1. WAND、WOR 和 WXOR 指令的［S1.］和［S2.］均可取所有的数据类型,而目标操作数可取 KnY、KnM、KnS、T、C、D、V 和 Z。

2. NEG 指令只有目标操作数,其可取 KnY、KnM、KnS、T、C、D、V 和 Z。

3. WAND、WOR、WXOR 指令 16 位运算占 7 个程序步,32 位为 13 个程序步,而 NEG 分别占 3 步和 5 步。

二、实训实施

1. I/O 分配

根据任务要求,PLC 的输入信号由按键 SB0~SB4 输入,简易加减法计算器输入/输出端口分配表见表 3-4-1。

2. 外部接线

如图 3-4-7 所示是简易加减法计算器的 I/O 部分接线图,输入部分的所有信号都采用常开输入,即按钮按下时,输入信号为 ON。输出部分选用的是晶体管漏型输出类型 PLC,使用带锁存的、内置 BCD 译码器的四位数 7 段码数码管。

表 3-4-1　简易加减法计算器输入/输出端口分配表

输入			输出	
名称		输入点	名称	输出点
清0按钮	SB0	X000	1	Y010
1按钮	SB1	X001	2	Y011
2按钮	SB2	X002	4	Y012
3按钮	SB3	X003	8	Y013
4按钮	SB4	X004	4位数带锁存 7段数码管	10^0	Y014
加减法切换	SA	X005		10^1	Y015
			10^2	Y016
			10^3	Y017

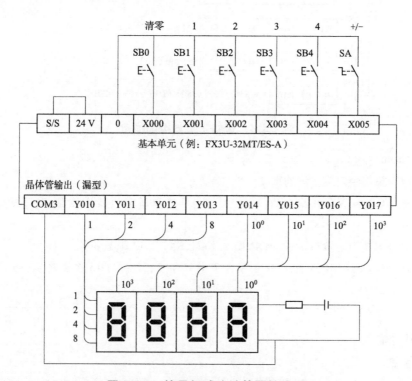

图 3-4-7　简易加减法计算器接线图

3. 编写控制程序

简易加法计算器程序梯形图如图 3-4-8 所示。

程序整体由 MC 主控指令分为两部分，分别由加减法切换开关 SA 对应的输入信号 X005 的动断触点和动合触点分别接通 N0 段加法程序和 N1 段减法程序。在不同的 SA 挡位下，按下 SB1~SB4，X001~X004 的动合触点接通，执行对应的逻辑加法或减法指令，分别将 D0 与整数 1~4 相加或相减,再把结果存入 D0 中。因为控制任务中有"如果被减数<减数,则按下按钮后无效"一项,所以,在每段减法指令之前使用触点比较指令,做减法是否有效的条件限制。另外,当按下 SB0 按钮,X000 的动合触点闭合,对 D0 执行清 0。

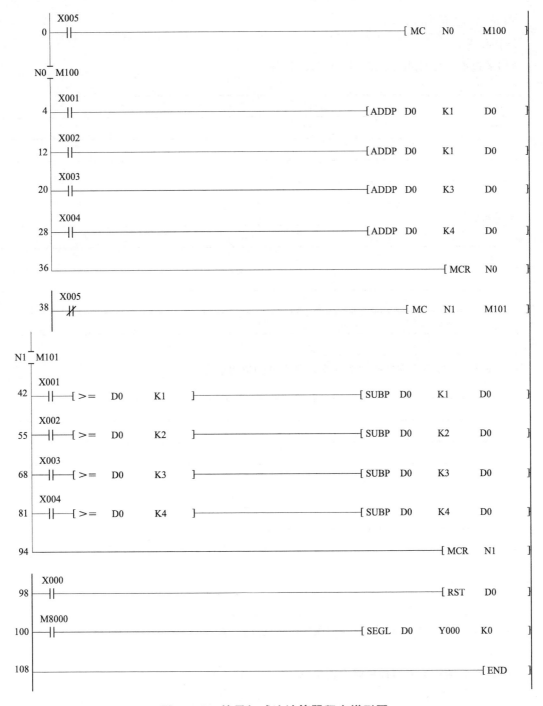

图 3-4-8　简易加减法计算器程序梯形图

三、实训分析

计算指令不仅仅是作为计算使用,在控制设计中,也得到广泛使用。加 1 和减 1 指令在循环类程序中应用很普通,逻辑运算指令在逻辑控制类项目,也有较多运用。

四、实训效果评价

1. 自我评价

(1)通过本次实训,我学到的知识点/技能点有:_____
_____
_____
_____
_____
_____

不理解的有:_____
_____
_____
_____
_____
_____

(2)我认为在以下方面还需要深入学习并提升的抓也能力:_____
_____
_____
_____
_____
_____
_____
_____
_____
_____

(3)在本次实训和学习过程中,我的表现可得到:□ 优　　□ 良　　□ 中

2. 互相评价

(1)综合能力测评:参阅任务评价表 3-4-2。

(2)专业能力测评:

①熟悉四则运算,评价人查看程序,评价人填写并判断正误,给予评定;

②评价结果全对得"优",错一项得"良",错两项或以上得"中"。

表 3-4-2　任务评价表

项　目	评价内容	评价等级（学生互评）		
	综合能力测评： (1)请在对应条目的空格内打"√"或"×"，不能确定的条目不填，可以在小组评价时让本组同学讨论并填写结论。 (2)评价结果全对得"优"错一项得"良"错两项以上得"中"	优	良	中
综合能力测评项目 （组内互评）	○按时到场○工装齐备○书、本、笔齐全			
	○安全操作○责任心强○环境整理			
	○学习积极主动○合理使用教学资源○主动帮助他人			
	○接受工作分配○有效沟通○高效完成实训任务			
专业能力测评项目 （组间互评）	接线及程序调试能力	等级		
		签名		
小组评语 及建议	他(她)做到了： 他(她)的不足： 给他(她)的建议：	组长签名： 　　年　　月　　日		
教师评语及建议		评价等级：_____ 教师签名： 　　年　　月　　日		

实训五　设计自动循环的流水灯

班级：_____　　姓名：_____　　日期：_____　　测评等级：_____

实训任务	设计自动循环的流水灯	教学模式	任务驱动和行动导向
建议学时	4 学时	教学地点	PLC 实训室
任务描述	现有一套霓虹灯控制系统，由 5 条环形灯圈 R1～R5 和 8 条线形灯柱 L1～L8，以及圆心 Q 组成，其结构示意如图 3-5-1 所示，现分别实现如下功能： 1. 当按下灯圈启动按钮 SB1 时，圆心 Q 及环形灯圈 R1～R5 依次间隔 2 s 循环变化，即圆心 Q 亮 2 s 后灭，接着灯圈 R1～R5 依次亮 2 s 后灭，接着圆心 Q 又亮 2 s 灭，如此循环。当按下停止按钮 SB3，霓虹灯不亮。 2. 当按下灯柱启动按钮 SB2 时，8 条线形灯柱以正、反序每隔 0.1 s 轮流点亮，即正序 L1～L8 依次亮 0.1 s，然后反序 L8～L1 依次亮 0.1 s，接下来又正、反序轮流点亮，如此循环。当按下停止按钮 SB3，霓虹灯不亮。 完成 PLC 程序的编写与调试，硬件的接线与调试。 （a）显示字母"Y"　　（b）显示字母"X" （c）显示图形　　（d）显示字母"L" 图 3-5-1　霓虹灯结构示意		

续上表

实训目标	素质目标 1.能够主动获取信息,展示学习成果,对实训过程进行总结与反思,与他人进行有效沟通,团结协作; 2.养成勤学善思,求真务实的良好品性; 3.养成严格按图作业,进行规范作业的严谨工作态度; 4.具有创新意识,能独立解决学习过程中遇到的困难; 5.养成爱护、保护实训设备的习惯。 能力目标 1.会应用移位指令编写流水灯控制程序,在编程环境中输入梯形图程序,会运行和调试; 2.能使用移位指令和循环移位指令实现霓虹灯自动循环运行,在编程环境中输入程序,会运行和调试
实训准备	1.设备器材 (1)每组配套 FX PLC 主机 1 台; (2)每组配套按钮开关 3 个,霓虹灯 1 套; (3)每组配套若干导线、工具等。 2.分组 两人一组,根据实训任务进行合理分工

实训岗位	时段一(年月日时分) (填写起止时间)	时段二(年月日时分) (填写起止时间)
程序编制		
硬件接线		
系统调试		
实训报告编写		

一、相关知识

1. 右循环移位指令 ROR

ROR 指令为右循环移位指令,执行该指令时,各位数据向右循环移动 n 位。ROR 指令的助记符、指令代码、操作数及程序步见表 3-5-1。

表 3-5-1 右循环移位指令

指令名称	助记符	指令代码	操作数		程序步
			D	n	
右循环移位指令	ROR	FNC30	KnY、KnM、KnS、T、C、D、V、Z	K、H	ROR ROR(P)…5 步

对于 ROR 指令,16 位指令和 32 位指令中 n 应小于 16 和 32,最后一次移出来的那一位同时进入进位标志 M8022 中。ROR 指令的使用说明如图 3-5-2 所示,在具体执行时采用脉冲执行方式,否则每个扫描周期都要循环一次。如果在目标元件中指定元件组的组数,只有 K4(16 位指令)和 K8(32 位指令)有效,如 K4Y000,K8M0。

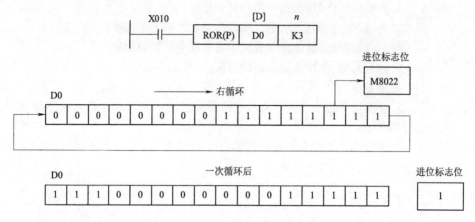

图 3-5-2　ROR 指令的使用说明

2. 左循环移位指令 ROL

ROL 指令为左循环移位指令,与 ROR 指令类似,执行该指令时,各位数据向左循环移动 n 位。ROL 指令的助记符、指令代码、操作数及程序步见表 3-5-2。

表 3-5-2　左循环移位指令

指令名称	助记符	指令代码	操作数		程序步
			D	n	
左循环移位指令	ROL	FNC31	KnY、KnM、KnS、T、C、D、V、Z	K、H	ROL ROL(P)…5 步

对于 ROL 指令,16 位指令和 32 位指令中 n 应小于 16 和 32,最后一次移出来的那一位同时进入进位标志 M8022 中。ROL 指令的使用说明如图 3-5-3 所示。与 ROR 指令一样,如果在目标元件中指定元件组的组数,只有 K4(16 位指令)和 K8(32 位指令)有效,如 K4Y000、K8M0。

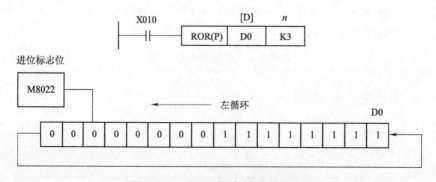

图 3-5-3　ROL 指令的使用说明

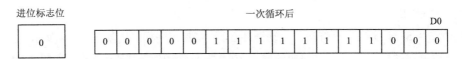

图 3-5-3　ROL 指令的使用说明（续）

三、实训实施

1. I/O 分配

霓虹灯自动循环运行控制输入/输出端口分配表见表 3-5-3 和表 3-5-4。

表 3-5-3　霓虹灯自动循环运行控制输入端口分配表

输入		
名　称		输入点
灯圈启动按钮	SB1	X001
灯柱启动按钮	SB2	X002
停止按钮	SB3	X003

表 3-5-4　霓虹灯自动循环运行控制输出端口分配表

输出		
名　称		输出点
圆心	Q	Y000
环形灯圈	R1	Y001
环形灯圈	R2	Y002
环形灯圈	R3	Y003
环形灯圈	R4	Y004
环形灯圈	R5	Y005
线形灯柱	L1	Y010
线形灯柱	L2	Y011
线形灯柱	L3	Y012
线形灯柱	L4	Y013
线形灯柱	L5	Y014
线形灯柱	L6	Y015
线形灯柱	L7	Y016
线形灯柱	L8	Y017

2. 编写控制程序

用移位指令 SFTL 实现环形灯圈的自动循环运行,控制程序梯形图如图 3-5-4 所示。

当按下灯圈启动按 SB1,圆心 Q 对应的输出 Y000 为 1、使用位左移指令 SFTL,每隔 2 s 移位一次,所以开始从低位传入一个"1"后,就应该传送一个"0"进去。当这个"1"从高位溢出后,又从低位传入一个"1"进去。如此循环,就能达到控制要求,当按下停止按钮 SB3 时,所有输出复位,霓虹灯不亮。

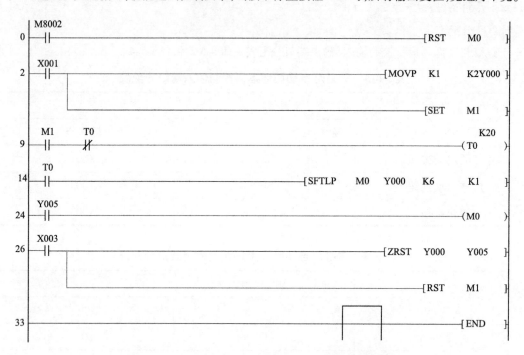

图 3-5-4 环形灯圈自动循环运行控制程序梯形图

用循环移位指令 ROL、ROR 实现线形灯柱的正反序循环运行控制程序梯形图如图 3-5-5 所示。

图 3-5-5 线形灯柱正反序列运行控制程序梯形图

因为在循环移位指令中位组件必须是 16 位或 32 位,所以输出位组件用 K4Y010,多用了 8 个输出端口。按下灯柱启动按钮 SB2,首先赋初值给 K4Y010,使 Y010 = 1。因为只在第一个扫描周期给 Y010 置 1,所以用脉冲执行方式,在 MOV 指令后面加 P。步 19 是每隔 0.1 s 向左移动一位,形成正序移动。当最后一根灯柱 Y017 点亮 0.1 s 后移位到 Y020,使 Y020 = 1。步 27 用 Y020 将 M1 置位,切断正序移位,同时复位 M2,接通反序移位。步 30 使 Y020 中的"1"又回到 Y017 中,形成反序点亮,即每隔 0.1 s 向右移动一位。当按下停止按钮 SB3 时,所有输出复位,霓虹灯不亮。

3. 外部接线与调试

霓虹灯自动循环运行控制的外部接线图如图 3-5-6 所示。完成接线后,下载程序并调试。

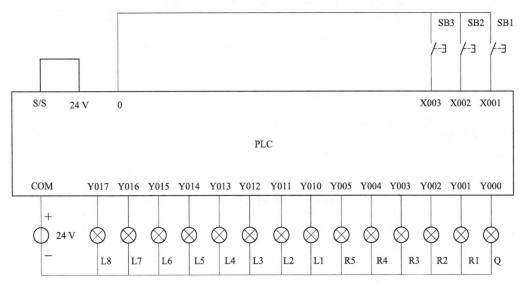

图 3-5-6 霓虹灯自动循环运行控制的外部接线图

四、实训分析

相比较单片机和 C 语言,PLC 的移位指令要多而复杂,但只要针对指令说明,认真阅读,掌握并不难。

五、实训效果评价

1. 自我评价

(1)通过本次实训,我学到的知识点/技能点有:_____

_____

不理解的有:_____

(2)我认为在以下方面还需要深入学习并提升的专业能力:_____

_____

_____

(3)在本次实训和学习过程中,我的表现可得到:□ 优   □ 良   □ 中

2. 互相评价

(1)综合能力测评:参阅任务评价表 3-5-5。

(2)专业能力测评:
①熟悉循环移位指令的应用,评价人填写并判断正误,给予评定;
②评价结果全对得"优",错一项得"良",错两项或以上得"中"。

表 3-5-5 任务评价表

项　　目	评价内容	评价等级(学生互评)		
	综合能力测评: (1)请在对应条目的空格内打"√"或"×",不能确定的条目不填,可以在小组评价时让本组同学讨论并填写结论。 (2)评价结果全对得"优"错一项得"良"错两项以上得"中"	优	良	中
综合能力测评项目 (组内互评)	○按时到场○工装齐备○书、本、笔齐全			
	○安全操作○责任心强○环境整理			
	○学习积极主动○合理使用教学资源○主动帮助他人			
	○接受工作分配○有效沟通○高效完成实训任务			
专业能力测评项目 (组间互评)	接线及程序 调试能力	等级		
		签名		
小组评语 及建议	他(她)做到了: 他(她)的不足: 给他(她)的建议:	组长签名: 年　月　日		
教师评语及建议		评价等级:_____ 教师签名: 年　月　日		

实训六　四层电梯控制

班级：_____　　　　　姓名：_____
日期：_____　　　　　测评等级：_____

简易电梯控制

实训任务	四层电梯控制	教学模式	任务驱动和行动导向
建议学时	4 学时	教学地点	PLC 实训室
实训描述	按实训实施设计要求设计电梯控制程序		
实训目标	素质目标 1.能够主动获取信息,展示学习成果,对实训过程进行总结与反思,与他人进行有效沟通,团结协作； 2.养成勤学善思,求真务实的良好品性； 3.养成严格按图作业,进行规范作业的严谨工作态度； 4.具有创新意识,能独立解决学习过程中遇到的困难； 5.养成爱护、保护实训设备的习惯。 能力目标 1.掌握逻辑关系复杂程序的编写； 2.能根据要求设计复杂的控制系统		
实训准备	1.设备器材 (1)每组配套 FX PLC 主机 1 台； (2)电梯教学组件一套； (3)每组配套若干导线、工具等。 2.分组 两人一组,根据实训任务进行合理分工		

实训岗位	时段一(年月日时分) （填写起止时间）	时段二(年月日时分) （填写起止时间）
程序编制		
硬件接线		
系统调试		
实训报告编写		

一、相关知识

一个实际的 PLC 控制系统是以 PLC 为核心组成的电气控制系统,实现对生产设备和工业过程的自动控制,以提高生产效率和产品质量。在设计 PLC 控制系统时,应遵循以下基本原则：

1. 最大限度地满足被控对象的控制要求

充分发挥 PLC 的功能,最大限度地满足被控对象的控制要求,是设计 PLC 控制系统的最基本和最重要的要求,也是设计中最重要的一条原则。这就要求设计人员在设计前就要深入现场进行调查研究,收集控制现场的资料和相关国内、国外的先进资料。同时要注意和现场的工程管理人员、工程技术人员、现场操作人员紧密配合,拟定控制方案,共同解决设计中的重点问题和疑难问题。

2. 确保 PLC 控制系统的安全可靠

保证 PLC 控制系统能够长期安全、可靠、稳定地运行,是设计控制系统的重要原则。这就要求设计者在系统设计、元器件选择和软件编程上全面考虑,以确保控制系统安全可靠。

3. 力求 PLC 控制系统简单、经济、使用及维修方便

在满足控制要求和保证可靠工作的前提下,应力求控制系统结构简单。只有结构简单的控制系统才具有经济性和实用性的特点,才能做到使用方便和维护容易。这就要求设计者不仅应该使控制系统简单、经济,而且要使控制系统的使用和维护方便、成本低,不宜盲目追求自动化和高指标。

4. 适应发展的需要

因为技术的不断发展,控制系统的要求也将不断地提高。设计时要适当考虑今后控制系统发展和完善的需要。这就要求在选择 PLC、输入/输出模块、I/O 点数和内存容量时,要适当留有余量,以满足今后生产的发展和工艺的改进。

二、实训实施

1. 设计要求

四层电梯模拟图如图 3-6-1 所示。电梯运行要求符合以下原则:

(1)接收并登记电梯在楼层以外的所有指令信号、呼梯信号,给予登记并输出登记信号。

(2)根据最早登记的信号,自动判断电梯是上行还是下行,这种逻辑判断称为电梯的定向。电梯的定向根据首先登记信号的性质可分为两种。一种是指令定向,是把指令指出的目的地与当前电梯位置比较得出"上行"或"下行"结论。如果电梯在第 2 层,指令为第 1 层则向下行,指令为第 4 层则向上行。另一种是呼梯定向,是根据呼梯信号的来源位置与当前电梯位置比较,得出"上行"或"下行"结论。例如,电梯在第 2 层,第 3 层乘客要向下,则按 AX3,此时电梯的运行应该是向上到第 3 层接这个乘客,所以电梯应向上。

(3)电梯接收到多个信号时,采用首个信号定向,同向信号先执行,一个方向任务全部执行完后再换向。例如,电梯在第 3 层,依次输入第 2 层指令信号、第 4 层指令信号、第 1 层指令信号。如用信号排队方式,则电梯下行至第 2 层→上行至第 4 层→下行至第 1 层。而用同向先执行方式,则为电梯下行至第 2 层→下行至第 1 层→上行至第 4 层。显然,第二种方式往返路程短,所以效率高。

(4)具有同向截车功能。例如,电梯在第 1 层,指令为第 4 层则上行,上行中第 3 层有呼梯信号,如果这个呼梯信号为呼梯向(K5),则当电梯到达第 3 层时停站顺路载客;如果呼梯信号为呼梯向下(K4),则不能停站,而是先到第 4 层后再返回到第 3 层停站。

(5)一个方向的任务执行完要换向时,依据最远站换向原则。例如,电梯在一楼根据第 2 层指令向上,此时第 3 层、第 4 层分别有呼梯向下信号。电梯到达第 2 层停站,下客后继续向上。如果到第 3 层停站换向,则第 4 层的要求不能兼顾,如果到第 4 层停站换向,则到第 3 层可顺向截车。

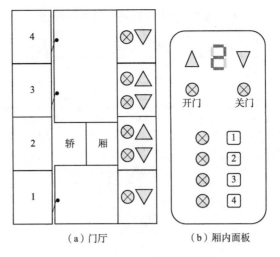

图 3-6-1 四层电梯模拟图

2. 输入/输出端口分配

四层电梯控制输入、输出端口分配见表 3-6-1 和表 3-6-2。

表 3-6-1 四层电梯控制输入分配表

输 入		
名 称		输入点
1 层平层信号	XK1	X000
2 层平层信号	XK2	X001
3 层平层信号	XK3	X002
4 层平层信号	XK4	X003
内呼 1 层指令	K7	X004
内呼 2 层指令	K8	X005
内呼 3 层指令	K9	X006
内呼 4 层指令	K10	X007
1 层外呼向上	K1	X010
2 层外呼向上	K2	X011
3 层外呼向上	K3	X012
2 层外呼向下	K4	X013
3 层外呼向下	K5	X014
4 层外呼向下	K6	X015

表 3-6-2　四层电梯控制输出分配表

输　　出		
名　　称		输出点
向上运行显示	L7	Y000
向下运行显示	L8	Y001
上升	KM1	Y002
下降	KM2	Y003
内呼 1 层显示	L11	Y004
内呼 2 层显示	L12	Y005
内呼 3 层显示	L13	Y006
内呼 4 层显示	L14	Y007
1 层外呼向上显示	L1	Y010
2 层外呼向上显示	L2	Y011
3 层外呼向上显示	L3	Y012
2 层外呼向下显示	L4	Y013
3 层外呼向下显示	L5	Y014
4 层外呼向下显示	L6	Y015
开门	KM3	Y016
关门	KM4	Y017
七段数码显示	LEDa	Y020
七段数码显示	LEDb	Y021
七段数码显示	LEDc	Y022
七段数码显示	LEDd	Y023
七段数码显示	LEDe	Y024
七段数码显示	LEDf	Y025
七段数码显示	LEDg	Y026

3. 设计控制系统

电梯的 PLC 控制程序比较复杂,层数越多越复杂。程序设计通常可以分为几个环节进行,然后将这些环节组合在一起,形成完整的梯形图。

(1) 呼叫登记与解除环节

四层电梯控制呼叫登记与解除程序如图 3-6-2 所示。M501～M504 表示电梯轿厢在哪一层,M501 得电表示在 1 层。当有内呼时,对应的内呼指示得电并自锁。有 1 层内呼时,登记信号 Y004 得电并自锁,当电梯到 1 层时(M501 得电),则解除内呼登记信号。2 层外呼向上时,登记信号 Y011

得电并自锁。当轿厢下行经过 2 层时，2 层外呼向上不响应，所以不解除 Y011。

$$Y004 = (X004 + Y004)\overline{M501}$$

$$Y011 = (X011 + Y011)(\overline{M502} + Y001)$$

```
      X004   M501
 0    ─┤├───┤/├─────────────────────────────(Y004)
      Y004
      ─┤├─

      X005   M502
 4    ─┤├───┤/├─────────────────────────────(Y005)
      Y005
      ─┤├─

      X006   M503
 8    ─┤├───┤/├─────────────────────────────(Y006)
      Y006
      ─┤├─

      X007   M504
12    ─┤├───┤/├─────────────────────────────(Y007)
      Y007
      ─┤├─

      X010   M501
16    ─┤├───┤/├─────────────────────────────(Y010)
      Y010
      ─┤├─

      X011   M502
20    ─┤├───┤/├─────────────────────────────(Y011)
      Y011  Y001
      ─┤├───┤├─

      X012   M503
26    ─┤├───┤/├─────────────────────────────(Y012)
      Y012  Y001
      ─┤├───┤├─

      X013   M503
32    ─┤├───┤/├─────────────────────────────(Y013)
      Y013  Y000
      ─┤├───┤├─

      X014   M503
38    ─┤├───┤/├─────────────────────────────(Y014)
      Y014  Y000
      ─┤├───┤├─

      X015   M504
44    ─┤├───┤/├─────────────────────────────(Y015)
      Y015
      ─┤├─

48    ─────────────────────────────────────[END]
```

图 3-6-2 四层电梯呼叫登记与解除

（2）轿厢当前位置信号的产生与消除

电梯轿厢当前位置由如图3-6-3所示程序决定。当轿厢与1层平层时,1层平层信号X000得电,这时没有2、3、4层平层信号,M501得电并自锁。当轿厢与其他楼层平层时,M501失电。

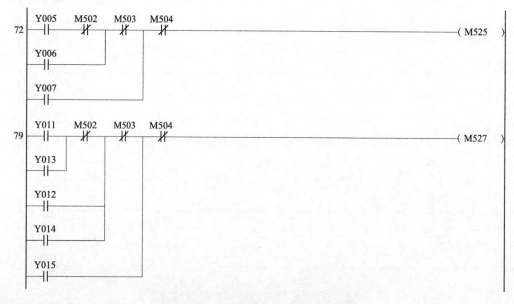

图3-6-3　四层电梯轿厢当前位置的编程

M501～M504辅助继电器具有断电保持。轿厢的当前位置信息在PLC断电后,再次得电不会丢失。

（3）上升/下降决策环节

上升/下降决策控制程序如图3-6-4所示。M525或M527得电,表示电梯将上升;M526或M528得电,表示电梯将下降。

图3-6-4　四层电梯上下行决策程序

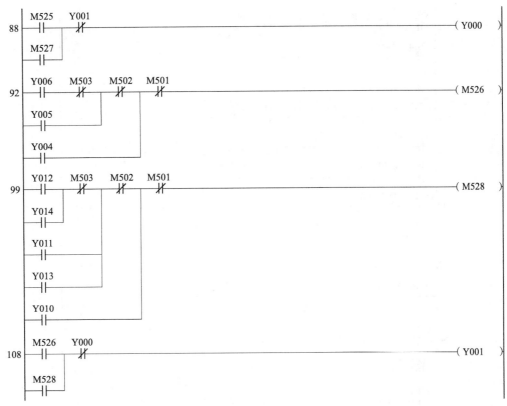

图 3-6-4　四层电梯上下行决策程序(续)

①电梯上升分为内呼要求和外呼要求。

内呼要求:轿厢不在 4 层,有 4 层内呼;轿厢不在 3、4 层,有 3 层内呼;轿厢不在 2、3、4 层(在 1 层),有 2 层内呼。

外呼要求:轿厢不在 4 层,有 4 层外呼向下;轿厢不在 3、4 层,有 3 层外呼(向上、向下);轿厢不在 2、3、4 层(在 1 层),有 2 层外呼(向上、向下)。

②电梯下降分为内呼要求和外呼要求。

内呼要求:轿厢不在 1 层,有 1 层内呼;轿厢不在 1、2 层,有 2 层内呼;轿厢不在 1、2、3 层(在 4 层),有 3 层内呼。

外呼要求:轿厢不在 1 层,有 1 层外呼向上;轿厢不在 1、2 层,有 2 层外呼(向上、向下);轿厢不在 1、2、3 层(在 4 层),有 3 层外呼(向上、向下)。

上升时不能下降,下降时不能上升。哪一方向先响应,则执行完这个方向上的所有呼叫后,再响应相反方向的呼叫。

(4) 停车环节

四层电梯停车环节程序梯形图如图 3-6-5 所示。其中,M511 为上升最远站换向停车;M512 为下降最远站换向停车;M515 为上升同向截车停站;M516 为下降同向截车停站;M510 为内呼到站停车;M100 为综合停车。

M511 得电停车的条件:有"4 层外呼向下"且轿厢"4 层平层";没有"4 层外呼向下"和"内呼 4 层"、有"3 层外呼向下"且轿厢"3 层平层";没有 3 层和 4 层"综合呼"(内呼和外呼向上、向下)、有"2 层外呼向下"且轿厢"2 层平层"。

图 3-6-5　四层电梯停车程序

M512 得电停车的条件：有"1 层外呼向上"且轿厢"1 层平层"；没有"1 层外呼向上"和"内呼 1 层"、有"2 层外呼向上"且轿厢"2 层平层"；没有 1 层和 2 层"综合呼"（内呼和外呼向上、向下）、有"3 层外呼向上"且轿厢"3 层平层"。

M515 得电停车的条件：上升过程中，有"2 层外呼向上"且"2 层平层"或"有 3 层外呼向上"且"3 层平层"。

M516 得电停车的条件：下降过程中，有"3 层外呼向下"且"3 层平层"或"有 2 层外呼向下"且"2 层平层"。

M510 得电停车的条件：任一内呼（1～4 层）到达相应平层时。

(5)开关门及上下运行控制

四层电梯开关门及上下运行控制程序如图 3-6-6 所示。当 M100 得电,表示要停车,这时断开 Y002、Y003(停止上升或下降),且自动开门。M110 得到 M100 的上升沿,触发 Y016 得电并自锁(开门),同时 T0 计时 3 s,即为开门所用时间。T0 计时到如有呼叫,则自动关门(Y017 得电)。关门时间由 T1 设定。在开、关门时 M200 得电,上升(Y002)和下降(Y003)被断开。

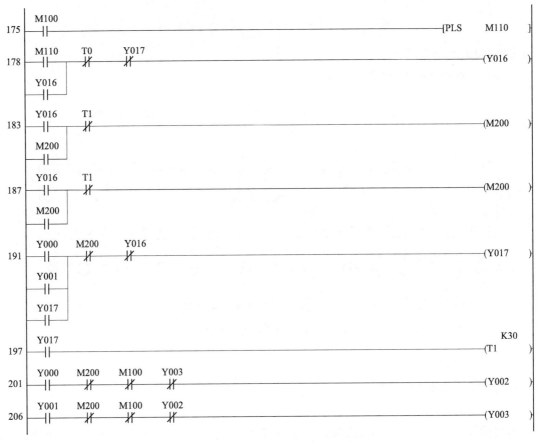

图 3-6-6　四层电梯开关门及上下行运行控制

(6)电梯楼层显示控制

电梯楼层显示控制程序图如图 3-6-7 所示。M501~M504 表示电梯轿厢在哪一层,D0 数据寄存器存放电梯当前所在的楼层,当电梯桥厢在第一层时,M501 得电,数码管显示"1",表示当前在第一层。当电梯桥厢在第二层时,M502 得电,数码管显示"2",表示当前在第二层。其他依次类推。

图 3-6-7　四层电梯程序楼层显示控制

图 3-6-7　四层电梯程序楼层显示控制(续)

(7) 系统接线与调试

四层电梯控制外部接线如图 3-6-8 所示。

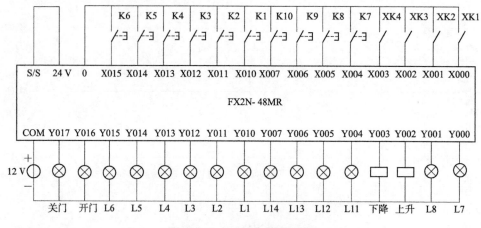

图 3-6-8　四层电梯接线图

三、实训分析

1. 电梯输入信号及其意义

(1) 位置信号

位置信号由安装于电梯停靠位置的 4 个传感器 XK1~XK4 产生。平时为 OFF,当电梯运行到这个位置时为 ON。

(2) 指令信号

指令信号有 4 个,分别由"1"~"4"(K7~K10)4 个指令按钮产生。按某按钮,表示电梯内乘客要前往相应楼层。

(3) 呼梯信号

呼梯信号有 6 个,分别由 K1~K6 个呼梯按钮产生。按呼梯按钮,表示电梯外乘客要乘电梯。例如,按 K3 则表示第 3 层乘客要往上,按 K4 则表示第 2 层乘客要往下。

2. 电梯输出信号及其意义

(1) 运行方向及显示信号

向上、向下运行信号两个,控制电梯的上升及下降;运行方向显示信号两个,由两个箭头指示灯组成,显示电梯运行方向。

(2)指令登记信号

指令登记信号有 4 个,分别由 L11~L14 指示灯组成,表示相应的指令信号已被接受(登记)。指令执行完后,信号消失(消号)。例如,电梯在第 2 层,按"3"表示电梯内乘客要往第 3 层,则 L13 亮表示这个要求已被接受。电梯向上运行到第 3 层停靠,此时 L12 灭。

(3)呼梯登记信号

呼梯登记信号有 6 个,分别由 L1~L6 指示灯组成,其意义与上述指令登记信号相类似。

(4)开门、关门信号

指示开门与关门动作。

(5)楼层数显信号

楼层数显信号表示电梯目前所在的楼层位置,由七段数码显示构成,LEDa~LEDg 分别代表各段的笔画。

四、实训效果评价

1. 自我评价

(1)通过本次实训,我学到的知识点/技能点有:_____

不理解的有:_____

(2)我认为在以下方面还需要深入学习并提升的专业能力:_____

(3)在本次实训过程中,我的表现可得到:□ 优　　□ 良　　□ 中

2. 互相评价

(1)综合能力测评:参阅任务评价表 3-6-3。

(2)专业能力测评:

①根据被评价人电梯程序设计的特点、完整性进行评价,评价人填写并判断正误,给予评定;

②评价结果全对得"优",错一项得"良",错两项或以上得"中"。

表 3-6-3　任务评价表

项　　目	评价内容	评价等级（学生互评）		
		优	良	中
项　　目	综合能力测评： (1)请在对应条目的空格内打"√"或"×"，不能确定的条目不填，可以在小组评价时让本组同学讨论并填写结论。 (2)评价结果全对得"优"错一项得"良"错两项以上得"中"			
综合能力测评项目 （组内互评）	○按时到场○工装齐备○书、本、笔齐全			
	○安全操作○责任心强○环境整理			
	○学习积极主动○合理使用教学资源○主动帮助他人			
	○接受工作分配○有效沟通○高效完成实训任务			
专业能力测评项目 （组间互评）	接线及程序调试能力	等级		
		签名		
小组评语 及建议	他（她）做到了： 他（她）的不足： 给他（她）的建议：	组长签名： 年　月　日		
教师评语及建议		评价等级：_____ 教师签名： 年　月　日		

练习 功能指令思考及练习

1. 用 CMP 指令实现下面功能:X000 为脉冲输入,当脉冲数大于 5 时,Y001 为 ON;反之,Y000 为 ON。编写此梯形图。

2. 三电动机相隔 4 s 起动,各运行 8 s 停止,循环往复。使用传送比较指令完成控制要求。

3. 试用比较指令,设计一密码锁控制电路。密码锁为 4 键,若按下按钮,数字等于 H65 后 2 s,开照明;按下按钮,数字等于 H87 后 3 s,开空调。

4. 设计 1 台计时精确到秒的闹钟,6~10 月每天早上 6 点 30 分闹钟,11~5 月早上 7 点钟闹钟。

5. 用传送与比较指令作简易四层升降机的自动控制。要求:

①只有在升降机停止时,才能呼叫升降机;

②只能接受一层呼叫信号,先按者优先,后按者无效;

③上升、下降、停止自动判别;

④电梯到所在楼层,用数码管显示楼层。

6. 声光报警控制要求:按下启动按钮,报警灯以 1 Hz 的频率闪烁,蜂鸣器持续发声,闪烁 100 次停止 5 s 后重复上述过程,反复 5 次后停止,之后按启动按钮,重复以上过程。用功能指令编程法实现要求。

参考文献

[1] 赵华军,唐国兰.可编程控制器技术及应用[M].广州:华南理工大学出版社,2012.
[2] 牟应华,陈玉平.三菱PLC项目式教程[M].北京:机械工业出版社,2017.
[3] 朱江.可编程控制技术[M].哈尔滨:哈尔滨工业大学出版社,2013.
[4] 温贻芳,李洪群,王月芹.PLC应用与实践(三菱)[M].北京:高等教育出版社,2017.
[5] 杨后川.三菱PLC应用100例[M].北京:电子工业出版社,2015.